Andreas Buhr

# Führungsprinzipien

*Mir ist es ein Bedürfnis, all jenen zu danken,*
*die mich nun schon so lange unterstützt haben:*
*Albana, Annika, Christiana, Christina, Elke,*
*Florian, Heike, Kordula, Marion, Nadine, Petra,*
*Sebastian, Simon, Susanne, Tim, Ulrike, Ute,*
*Wolfgang, Yasemin von Buhr & Team*
*sowie meiner Familie: Karin, Niko und Tom.*

Andreas Buhr

# Führungs-prinzipien

## Worauf es bei Führung wirklich ankommt

GABAL

Bibliografische Informationen der Deutschen Nationalbibliothek

Die Deutsche Nationalbibliothek verzeichnet diese Publikation in der Deutschen Nationalbibliografie; detaillierte bibliografische Daten sind im Internet über http://dnb.d-nb.de abrufbar.

ISBN 978-3-86936-702-6

Programmleitung: Ute Flockenhaus, GABAL Verlag
Lektorat: Ulrike Hollmann, Hambergen
Redaktionelle Unterstützung: text-ur agentur Dr. Gierke, Köln | www.text-ur.de
Umschlaggestaltung: Martin Zech Design, Bremen | www.martinzech.de
Satz und Layout: Lohse Design, Heppenheim | www.lohse-design.de
Druck und Bindung: Salzland Druck, Staßfurt


www.gabal-verlag.de

# Inhaltsverzeichnis

# Vorwort

Führung geht von uns selbst aus. Wenn Menschen die Wahl haben zwischen dem, was gesagt wird, und dem, was sie bei anderen sehen, dann orientieren sie sich am beweisenden Vorbild. So weit, so gut, so klar?

Führung beginnt in der Familie, im Privaten und im beruflichen Umfeld immer bei uns selbst. Wir führen ein Leben. Alle! Wir tun das mehr oder weniger bewusst. In unserem Grundgesetz ist das Recht auf freie Entfaltung der Persönlichkeit verankert, was auch die Berufswahl mit einschließt. Nutzen wir dieses Recht konsequent? Führen wir uns selbst?

Ich habe oft nicht das Gefühl. Es ist vielmehr so, dass viele Menschen, die ich kennenlerne, doch weit unter ihrem Potenzial leben. Sie machen zu wenig aus sich und ihrem Leben. Sie führen sich selbst nicht, sie lehnen Verantwortung ab und warten darauf, dass jemand in ihrem Umfeld nach vorn geht und handelt. Wenn wir an die Vielfalt denken, die uns umgibt, die übergroße Auswahl, dann sind Entscheidungen oft eine Qual. Das zeigt sich am Regal im Supermarkt, im Kolloquium der reichlich vorhandenen Business-Schools und Unis, bei der Wahl des Telefontarifs oder der Entscheidung für eine Bleibe, die über unzählige Urlaubssuchmaschinen angeboten wird. Dieses Überangebot kann uns überfordern. Kann hier und da auch dazu führen, dass Menschen eben nicht proaktiv und mutig nach vorn gehen und verantwortlich handeln.

Wie auch immer verursacht, es macht sich oft Enttäuschung breit, es entsteht Frust und es bilden sich Opferklubs. Leiden ist leichter, als zu handeln. Es ist eben leichter, zu meckern, als zu machen!

Ich habe mich mein ganzes Berufsleben lang und den größten Teil meines privaten Lebens mit der Frage beschäftigt, was erfolgreiche Menschen auszeichnet, welche Werte herausragende Führungskräfte (vor-)leben und wie man diese zu einfachen Prinzipien der herausragenden Führungskompetenz zusammenfassen kann. Einleuchtende, grundlegende Prinzipien, die aus guten Leuten herausragende ©lean leader machen. Führungspersönlichkeiten, die eine Autorität in sich selbst und durch sich selbst entwickeln, sodass ihnen andere Menschen freiwillig folgen und ihnen die Fähigkeiten, also Leadership, zutrauen.

In den folgenden Kapiteln stelle ich Ihnen diese zehn Führungsprinzipien vor, die einfach, grundlegend und wesentlich sind. Jedes Kapitel startet mit einer Kurzzusammenfassung – einem schnellen Überblick für Führungskräfte. Immer nach denselben drei Aspekten:

1. Wofür brauchen Sie dieses Prinzip? „Wofür" fragt nach dem Sinn, danach, was Sie in Zukunft ändern können. „Warum" dagegen fragt nur nach dem Grund, warum bisher etwas nicht so geklappt hat, und greift deshalb zu kurz.
2. Was macht dieses Prinzip aus, welche Führungskompetenzen stehen im Fokus? Hier geht es um Erkenntnisfortschritt und Führungskompetenzen.
3. Wie können Sie diese Kompetenzen stärken? Ich stelle Ihnen Übungen, Reflexionen und Beispiele vor, damit Sie konkret an sich arbeiten können.

www.buhr-team.com/buch-fuehrungsprinzipien

Darüber hinaus habe ich ganz grundlegende, wesentliche Reflexionen und einfache, aber entscheidende Übungen zusammengestellt, die Sie auf Ihrem Weg unterstützen sollen. Im Literaturverzeichnis finden Sie über die verwendeten Quellen hinaus zusätzliche Lesetipps – es lohnt sich, darin zu stöbern, wenn Sie sich über einzelne Aspekte vertiefend informieren möchten. An vielen Stellen werden Sie einen Link und einen QR-Code finden, die Sie zu den vielen kostenlosen Downloads, Formularen und Checklisten führen, die ich für Sie auf der Landingpage zum Buch unter www.buhr-team.com/buch-fuehrungsprinzipien hinterlegt habe. Ihr Passwort dazu ist: Führung_3.0.

Die in diesem Buch vorgestellten zehn einfachen Führungsprinzipien beruhen auf den von mir bereits vor mehreren Jahren entwickelten „10 Prinzipien der ©lean leadership". Da dies hier mein elftes Buch ist, habe ich die Regeln für ©lean leadership bereits in früheren Werken, beispielsweise in „Agiere" oder „Machen statt meckern!", verarbeitet und im vorliegenden Buch aktualisiert und ergänzt. Dies zur Information für die Leser, die diese Bücher von mir kennen und die Prinzipien wiedererkennen.

2016 werden wir von Buhr & Team in Zusammenarbeit mit der Universität Luxemburg eine Studie veröffentlichen, die die Veränderungen in Unternehmen beschreibt, welche durch hybride Kommunikation (off-/online, Social Media) offenbar werden. Es wird sicher spannend zu sehen und zu erkennen, wie die heranwachsende Generation, oft auch Generation Y genannt, in Verantwortung handelt, wie sie führt und wie sie konkret zu Ergebnissen kommt. Bereits 2010 hatten wir mit der ESB Reutlingen die VertriebsIntelligenz-Studie veröffentlicht, die dann Basis und Fundament für das Buch „Vertrieb geht heute anders" (GABAL, 2011) wurde.

In diesem Buch stelle ich Ihnen keine neue Managementlehre für die erfahrene Führungskraft dar. Keine ausgefeilten Systeme, keine Guru-Weisheiten. Sondern ganz grundlegende, wesentliche und ©leane Prinzipien für alle, die sich fragen, wie sie sich und andere einfach und klar führen können. An welchen Werten und Gedanken sie sich orientieren können und wie sie diese für sich weiterdenken.

Die vorgestellten zehn Führungsprinzipien können Sie dabei unterstützen, Ihre Fähigkeiten als Führungskraft weiter auszubauen, Neues dazuzulernen und zu erkennen, dass Führung in einigen Punkten heute anders geht. Lernender zu bleiben, ist einer meiner Werte, ist ebenso auch ein Wert in der Buhr & Team Akademie für Führung und Vertrieb. Lernender zu bleiben, ist ein guter Treiber für die Neugier, für den Mut, Neues zu wagen. Nur wer dazu bereit ist, nur wer danach handelt, der kann bessere Ergebnisse erwarten, wenn es um die Führung von und die Verantwortung für Menschen geht. Mit dem vorliegenden Buch „Führungsprinzipien“ darf ich Ihnen nun zum zehnjährigen Bestehen der Buhr & Team Akademie ein neues Werk, mein elftes, vorstellen. Geschriebene Worte sind Gedanken, die bis zur Klarheit zu Ende gebracht sind. In diesem Sinne möchte ich Ihnen, liebe Leserin, lieber Leser, von Herzen Klarheit und Erkenntnisse und reichlich Inspiration wünschen. Bleiben Sie in diesem Sinne stets unterwegs ...

*Ihr Andreas Buhr*

a.buhr@buhr-team.com

# Einleitung

Machen, nicht meckern!

Irgendwas ist ja immer. Wettbewerb. Globalisierung. Digitalisierung. Industrie 4.0. New Work. Facharbeitermangel. Eurokurs steigt massiv. Eurokurs fällt massiv. Binnennachfrage steigt. Export sinkt. Oder umgekehrt. Dann ist Finanzkrise. Vertrauenskrise. Unternehmenskrise. Wirtschaftskrise. „Flüchtlingskrise". Wertekrise. Es liegt an uns, an jedem Einzelnen, mit diesen Herausforderungen im Geschäftsleben und Unternehmen klarzukommen. Zu machen, nicht zu meckern. Also ändern wir mal die Blickrichtung und fragen nicht: Wie können die unleugbaren Auswirkungen vom starken Wettbewerb im „roten Ozean" überlaufener Märkte, vom Wandel der Märkte, von einer Krise oder dem Innovationsdruck, um in den „blauen Ozean" neuer Märkte (wie W. Chan Kim und Renée Mauborgne es nennen) zu gelangen, meinem Unternehmen und / oder mir Schaden zufügen? Sondern wir fragen stattdessen: Was können wir jetzt tun, um besser durchzukommen? Was können und werden wir aus jeder Herausforderung lernen? Was werden wir besser machen, um bessere Ergebnisse zu erzielen? Was also machen – und wie?

Effiziente Führungspersönlichkeiten sind Macher

Wirklich effiziente Führungspersönlichkeiten folgen zu jeder Zeit dem Motto: „Machen statt meckern!" Ich würde sogar weiter gehen und sagen: „Einfach machen!" Ein wenig im Sinne von: einfach machen, also: „Entscheiden und durch!" Und viel von „einfach(er) machen", also auf klare, einfache Prinzipien und Führungsleitlinien zurückgreifen, die die Basis von Führungshandeln sind, das von Werten zu Wertschöpfung führt. Ich nenne diese Führungspersönlichkeiten von jeher ©lean leader – weil sie „clean" sind, also sauber und klar führen. Und weil sie sich dabei auf ein Set an klaren Werten berufen, das sie berechenbar für ihre Mitarbeiter macht. Oder – anderes Wort für berechenbar – zuverlässig! Denn diese Zuverlässigkeit gibt Sicherheit –

Sicherheit in Zeiten des Wandels (also immer), bei wirtschaftlichen Herausforderungen, in jeder „Krise". Diese Werte ruhen auf drei Säulen und münden in ein Set an zehn Prinzipien, die im Wesentlichen ausreichen, um Führungshandeln effizient, nachvollziehbar und damit motivierend auch für die Mitarbeiter zu gestalten. Diese Prinzipien sind so grundlegend und funktionieren so gut, dass sie auch dem gesellschaftspolitischen Wandel, wie er mit der Generation Y und der Generation Z eingeläutet wird, gerecht werden. Natürlich sind in den letzten Jahren neue technologische Instrumente hinzugekommen, die Führungskräfte, die ©lean leader, beherrschen oder mindestens bedenken müssen, um ihr Führungshandeln den nachkommenden High Potentials, dem Nachwuchs in den Unternehmen gerade in der kommenden „Industrie 4.0" respektive „Arbeitswelt 4.0", vermitteln zu können. Ich nutze in diesem Buch den Begriff „Führung 3.0" für ©lean leader, die in diesen technologiebestimmten Märkten agieren.

## Zehn Führungsprinzipien ruhen auf drei starken Säulen

**Ein Set an Werten und Führungsprinzipien**

Dieses Set an Führungsprinzipien sowie die drei Säulen, die ihre Basis bilden, stelle ich auf den nächsten Seiten genauer vor. Betrachten Sie es als einen Impuls. Eine Diskussionsgrundlage, die nicht den Anspruch erheben kann, alle Werte und Ideen zu versammeln und zu vereinbaren. Dafür gibt es zu viele verschiedene Führungsmodelle und Kompetenzmanagement-Systeme, die je nach philosophischer oder Managementschule, die dahintersteht, zu unterschiedlichen Ergebnissen kommen. Das hier vorgestellte Set an Werten und Führungsprinzipien indes hat sich in den gut 25 Jahren meiner eigenen Tätigkeit als Unternehmer und dann als Redner, Trainer, Autor und Experte für Führung im Vertrieb als ein wirklich grundlegendes, auf das Wesentliche reduziertes und immer funktionierendes erwiesen.

Einfache, klare Führungsprinzipien bedeuten nicht, einfach wirtschaftliche Schwierigkeiten zu leugnen, faktischen Herausforderungen naiv mit übertriebenem „positiven Denken“ zu begegnen oder komplexe Szenarien zu holzschnittartig zu betrachten. Aber sie geben Orientierung da, wo unsere Businesswelt immer schneller, fordernder und widersprüchlicher wird. Sie helfen, Barrieren im Kopf zu finden und zu lösen; Barrieren, die Entscheidungsräume verschließen und Optionen verstellen. Die Hemmschwellen vor Taten auftürmen.

**Klare Führungsprinzipien geben Orientierung**

Erfolg ist, was auf das erfolgt, was wir authentisch tun. Und wie wir es tun. Wie wir es tun, hängt von unseren Werten ab. Dann gerinnen Werte in der Führung und der Unternehmenswelt zu Erfolgen – Erfolge, auf die wir stolz sein können. Weil sie nicht auf dem Rücken Dritter gewonnen wurden, sondern einer bewussten, sinnvollen Leistung gedankt sind. Dann führen gelebte Werte zu Wertschöpfung.

**Werte führen zu Erfolg**

## Von Werten zur Wertschöpfung

Wirkliche Führungspersönlichkeiten zeichnet vieles aus. Neben ihren Werten ist es ihre Art, rasch Handlungsbedarf zu erfassen, sich schnell bedeutungsvolle Informationen zu verschaffen, um begründete Zukunftsszenarien zu entwickeln. Die Fähigkeit, zwischen diesen abzuwägen, Gewinnmöglichkeiten und Risiken abzuschätzen – und eines der Szenarien als die mit dem aktuellen Wissen machbare Option auszuwählen. Entscheidungen zu treffen. Dann zu handeln – und anderen beim Handeln zu helfen. Mitarbeitern. Unternehmen. Kunden.

Wir wissen: Es gibt keine sicheren, keine zweifelsfrei richtigen Entscheidungen – denn bis tausendmal Für und Wider abgewogen, Argumente geprüft, Zahlen wieder und wieder gegengerechnet und Mehrheiten zwischen allen möglichen Beteiligten gebildet wurden, hat schon ein anderer für Sie entschieden.

**Sichere Entscheidungen gibt es nicht**

Entweder eine mutigere Führungskraft oder das wirtschaftliche Ergebnis.

**Leben versteht man nur rückwärts**

Eine Entscheidung ist immer nur aus der Retrospektive eine sichere Option. Sören Kierkegaard sagt: Leben lässt sich nur rückwärts verstehen, muss aber vorwärts gelebt werden. Im Moment der Entscheidung trifft man die Wahl zwischen verschiedenen wahrscheinlichen Eintrittsszenarien mit unterschiedlich erwünschten Ergebnissen. Macher sind keine Hasardeure. Sie setzen nicht wie Glücksspieler auf das höchste Risiko, das gleichzeitig den höchsten Gewinn verspricht! Vielmehr treffen sie aufgrund folgender fünf Faktoren begründete Entscheidungen:

1. Kenntnis
2. Erfahrung
3. Intuition
4. Verantwortung
5. Pragmatismus

**Macher: das Rückgrat der Wirtschaft**

Diese Beobachtung werde ich später, beim vierten Führungsprinzip, noch ausführen. Sie stammt aus den letzten zehn Jahren, in denen ich als Unternehmer, Berater, Redner und Trainer Menschen begleitet habe, die außergewöhnlich stabil, langfristig und mit ruhiger Hand wirtschaftliche Erfolge erzielten. Solche starken Führungspersönlichkeiten – man kann sie zu Recht „Macher" nennen – finden sich besonders oft in mittelständischen Unternehmen, und zwar auf allen Ebenen. Vom Chef über den Vertriebsleiter bis zum Arbeiter, Verkäufer, Sachbearbeiter, Trainee. Macher finden sich auch im privaten Leben – aber die meisten werden sich als Gründer, Selbstständige, Führungskräfte beweisen wollen. Macher packen an, wo andere einpacken. Sie wollen kurze Impulse, überblickartige Informationen, einfache Prinzipien, schnelle Entscheidungen und gute Ergebnisse. Aus Fehlern lernen und es das nächste Mal besser machen. Sind Sie ein Macher? Ich glaube, ja! Dann werden wir gemeinsam sehen, was richtig gemacht werden kann. Ich sage: Es gibt eine Reihe von zehn wesentlichen Prinzipien für ergebnisorientiertes Handeln. Für Handeln, das nach vorne führt. Kurz: für Führungshandeln.

## Die drei wertvollen Säulen der Führungsprinzipien

Diese zehn einfachen Führungsprinzipien ruhen auf drei Säulen: auf Nachhaltigkeit, auf Gewinnorientierung und auf der Säule klassischer ethischer Werte.

### Erste Säule: Nachhaltigkeit – kurzfristiges Denken kostet Zukunft

Nachhaltigkeit bedeutet zum Ersten, dass die Ziele und Maßnahmen unseres wirtschaftlichen Handelns langfristig funktionierend angelegt sein müssen. Sie müssen Zukunftstrends antizipieren und ihnen strategisch gerecht werden. Dafür braucht es eine tragfähige Vision der (Unternehmens-)Zukunft.

**Nachhaltigkeit führt zu Sorgfalt**

Nachhaltigkeit bedeutet zum Zweiten, dass wir bei Produktion und Arbeit, bei Forschung und Entwicklung auf den sorgfältigen Umgang mit den Ressourcen achten und jene Ressourcen, die wir nutzen, wertschätzen und so schonend und wenig invasiv wie möglich behandeln. Dazu gehören übrigens auch die Menschen, die Mitarbeiter.

**Nachhaltigkeit hilft Wert zu schaffen**

Nachhaltigkeit bedeutet zum Dritten, dass wir etwas von Wert schaffen. Etwas, das Kunden nachweislich und langfristig nützt. Idealerweise sogar etwas, das der Welt etwas nützt, sie besser macht, den Menschen hilft. Das „macht“ Sinn, und Sinn lässt uns nicht nur besser arbeiten, er gibt uns eine Vision, die uns antreibt. So schaffen wir mit Nachhaltigkeit etwas Echtes. Etwas Zuverlässiges, das dem Erhalt der Ressourcen, künftigen

Ansprüchen und Märkten gerecht wird. Der Rat für Nachhaltige Entwicklung der Bundesregierung betont diese drei gleichberechtigten Aspekte der Nachhaltigkeit: ökologisch, sozial, ökonomisch. Hier bringt uns nur eine langfristige Betrachtungsweise weiter. Was bedeutet dies für uns, wenn wir Nachhaltigkeit als handlungsbestimmenden Wert anerkennen? Wie können wir den Wunsch nach Nachhaltigkeit umsetzen?

**Wie können wir Nachhaltigkeit umsetzen?**

Es stellen sich uns folgende Aufgaben:

**Aufgabe 1:** Zukunftstrends und Zukunftsmärkte erkennen und auf das eigene Unternehmen beziehen.

**Aufgabe 2:** Vor diesem Hintergrund eine Vision davon entwickeln, welche Werte, welche Leistungen, welchen Sinn das eigene Unternehmen in diese Märkte einbringen wird.

**Aufgabe 3:** Risiken absichern.

**Aufgabe 4:** Ressourcenschonende Entwicklungen und Prozesse anleiten.

**Aufgabe 5:** Die Gegenwart managen im Hinblick auf Kundennutzen und langfristige Gewinnorientierung. Wie Gewinne kurzfristig zu steigern sind, ist kein Geheimnis und gerade in den letzten Jahren des Shareholder-Value-„Wahns" vieltausendfach vorgeführt worden: Mitarbeiter entlassen, Investitionen streichen, Marketingmaßnahmen eindampfen, Aus- und Weiterbildungskosten drastisch reduzieren, Forschung und Entwicklung (nahezu) einstellen, echte Innovationen vermeiden. Natürlich steigt so der Gewinn kurzfristig – langfristig sind diese Unternehmen tot. Die Leistungsfähigkeit nimmt ab, letztlich verlieren auch die Anteilseigner, Aktionäre und Besitzer des Unternehmens. Planen wir also besser langfristig.

## Zweite Säule: Gewinnorientierung – „Umsatzmaschinen" und gesellschaftliche Verantwortung

**Die Aufgabe von Unternehmen ist Gewinn**

Der gesellschaftspolitische Auftrag von Unternehmen ist es, dem Markt und den Kunden Produkte und Dienstleistungen zu einem fairen Preis-Leistungs-Verhältnis zur Verfügung zu stellen, Kunden damit das Leben zu verschönern, nachhaltig zu produzieren und damit Umsatz zu machen. Erfüllen sie diesen Auftrag gut, werden Unternehmen zu Umsatzmaschinen, werden Arbeitsplätze und sozialer Wohlstand geschaffen. Das ist, verkürzt zusammengefasst, ein Ergebnis erfolgreichen und nachhaltigen unternehmerischen Handelns. Gewinnorientierung ist schlicht notwendig, um diesen Auftrag auch morgen noch ausführen zu können. So macht Gewinn Sinn. Und das kommt auch dem Kunden 3.0 wieder zugute. Immerhin sind Erträge auch dafür da, in die Verbesserung von Produkten und Dienstleistungen zu investieren, um Kundenwünschen von morgen zu begegnen. Und dafür brauchen Unternehmer und Manager ein ausgeprägtes Gespür für Verantwortung. Verantwortung nach innen für Prozesse und Qualität und nach außen für die Wirkung des eigenen Verhaltens auf die Öffentlichkeit. Die wachsende Globalisierung der Märkte erfordert grenzüberschreitende Verantwortungsübernahme. Im Wort „Verantwortung" steckt die „Antwort" – meines Erachtens müssen Unternehmer, Manager, Macher auch Antworten geben auf die sozialen, wirtschaftlichen und politischen Fragen unserer Zeit. Die Verantwortung der Unternehmer geht so weit, sich in die Gestaltung der politischen Rahmenbedingungen einzubringen, die Regularien mitzugestalten und mitzutragen.

**Gewinn ohne Raubbau**

Gewinnorientierung ist entscheidend – aber Gewinn heißt nicht, auf dem Rücken anderer Ressourcenraubbau zu betreiben. Das genaue Gegenteil ist der Fall, halten einige Studien, zum Beispiel jene zum „Wettbewerbsfaktor Energie" von McKinsey, beispielhaft fest: Sie prognostiziert für 2020 weltweit 2,1 Billionen Euro Marktpotenzial, Wachstumsraten von 13 Prozent – was in Deutschland 850.000 neue Arbeitsplätze in energierelevanten Segmenten bedeuten könnte – sowie ein Energieeinsparvolumen für deutsche Haushalte und Unternehmen in Höhe von 53 Milliarden Euro durch sinnvolle Sparmaßnahmen. Konkret: Unternehmen, die ihre Fertigungsstraßen auf eine möglichst energiearme Produktionsweise umstellen würden, könnten ihre EBIT-Marge auf diese Weise um mehr als zehn Prozent steigern. (Energie-)Einsparung statt Ressourcenraubbau wird so zu einem entscheidenden Wettbewerbsfaktor der Zukunft. Hier schließt sich der Kreis zur Nachhaltigkeit! Sinnhaftigkeit, Ethik, ökologisches und ökonomisches Verhalten gehören auch zur Gewinnorientierung!

## Dritte Säule: Werte als Basis

**Misstrauen führt zur Krise**

In jeder Finanz- und Wirtschaftskrise wird vor allem eines offenbar: eine unübersehbare Führungskrise! Topmanager zeigen mit dem Finger aufeinander, weisen Schuld von sich, verweisen auf die Gier der Anleger und Shareholder, zeigen sich erstaunt ob desaströser unternehmerischer Kennzahlen, die plötzlich „hochzukommen" scheinen. Und an vielen Stellen offenbart sich eine Datensammelwut in Unternehmen, eine Ausspähung von Daten, die sich gegen Kunden und Mitarbeiter richtet – nichts weiter als Beweise für Misstrauen gegen die eigene Mannschaft. Und damit im eigentlichen Sinne auch Misstrauen gegenüber den eigenen Fähigkeiten, Kunden und Mitarbeiter richtig zu führen. Worin sollte ein Vertrauen auch begründet sein, scheinen doch alle wichtigen Werte, die guter Führung zugrunde liegen, wenig gezählt zu haben – oder noch zu zählen!

**Werte schaffen Wert im Unternehmen**

Vertrauen, Verantwortung, Respekt, Integrität, Nachhaltigkeit und Mut: Das sind die sechs wichtigsten Werte, die Topmanager in einer Umfrage der Wertekommission – Initiative Werte Bewusste Führung e.V.* herausstellen. Gleichzeitig zerstö-

* www.wertekommission.de/events/fuehrungskraeftebefragung-2015/ (dok. Jan 2016)

ren sie oftmals genau diese Werte. Dass es um das gegenseitige Vertrauen zwischen Führungskraft und Mitarbeitern von beiden Seiten traurig bestellt ist, bestätigen viele Studien: Integrität – angesichts aktueller und krasser Beispiele von hochbezahltem Missmanagement ein geradezu verhöhnter Wert. Mut – Mut zur Kritik, Mut zum Querdenken, Mut zur Innovation wird in vielen Firmen nahezu bestraft, zumindest jedoch ignoriert. Dabei gibt es eine Korrelation, eine erkennbare Verbindung zwischen gelebten Unternehmenswerten und überdurchschnittlichem finanziellem Erfolg! Das beweist eine weltweite Befragung von The Aspen Institute und Booz Allen Hamilton. Es stimmt also, dass Werte Wert schaffen! Denn die Financial Leader zeichnen sich durch einen schriftlich fixierten Wertekodex aus, der allen Mitarbeitern eine feste Richtschnur, Orientierung und Klarheit gibt. Und diese Firmen sind überzeugt davon, damit ihre Reputation, die Bindung ihrer Kunden und die Loyalität und den Enthusiasmus ihrer Mitarbeiter steigern zu können!

**Übung:** Die drei Wertesäulen

Sie erinnern sich: Die zehn Prinzipien der ©lean leadership ruhen auf den drei Säulen Nachhaltigkeit, Gewinnorientierung, Werte als Basis. Bitte nehmen Sie sich für vorliegende Aufgabe fünf Minuten Zeit: Machen Sie eine Bestandsaufnahme Ihres Unternehmens hinsichtlich dieser drei Säulen. Nehmen Sie ein leeres Blatt Papier und legen Sie es in dieses Buch. Notieren Sie darauf, was Ihnen zu den drei Säulen einfällt und was Sie konkret verändern müssen und werden. Überprüfen Sie dieses Blatt jedes Mal wieder, wenn Sie dieses Buch zur Hand nehmen. Es dient als Erinnerungshilfe und gibt Ihnen eine Richtlinie für die großen Entscheidungen in Ihrem (Geschäfts-)Leben. Die Tabelle auf der nächsten Seite kann Ihnen als Muster dienen.

| | Säule I: Nachhaltigkeit | Säule II: Gewinn-orientierung | Säule III: Klassische ethische Werte |
|---|---|---|---|
| Bestandsaufnahme Unternehmen am:<br><br>__________<br>Datum | | | |
| Konkrete Zielaufgabe: Veränderung | | | |
| Bestandsaufnahme Unternehmen am:<br><br>__________<br>Datum | | | |

# Wertschätzung kommt vor Wertschöpfung

Wertschätzung muss neu erlernt werden

Bleibt die Frage, wie es solchen Erfolgsunternehmen gelingt, die beschriebenen Werte auch zu leben, nicht nur in Grundsatzpapieren festzuhalten. Basis dieses Handelns ist, so simpel es klingt, echte gegenseitige Wertschätzung. Ein wichtiger Wert, der derart in Vergessenheit geraten ist, dass Unternehmen ihn nun wieder bewusst erlernen und trainieren müssen! Und das ist meiner Erfahrung nach auch dringend nötig! Denn natürlich ist die Führung eines Unternehmens, einer Einzelfirma oder eines Konzerns heutzutage ein schnelles, oft knallhartes Geschäft. Dabei bleibt echte Wertschätzung zu oft auf der Strecke. Führungskräfte haben kein Vertrauen in die Zuverlässigkeit, Entwicklungsfähigkeit oder Arbeitsleistung ihrer Mitarbeiter, betrachten sie als Kostenfaktor. Mitarbeiter erkennen in ihren Vorgesetzten keine echte Autorität, gehen in die innere Kündigung oder arbeiten sogar aktiv gegen die Führungskräfte. Auch an echter Wertschätzung der Kunden und potenziellen Kunden herrscht oft Mangel: „LEO", „leicht erreichbare Opfer", soll man in manchen Branchen ältere oder vertrauensselige Kunden nennen! Wer nicht Kunde wird, über den wird abschätzig gedacht. Wer Kunde wird, soll möglichst nicht mit Sonderwünschen nerven. Wer gekauft hat, braucht keinen Service mehr. Und fürs Verkaufen reichen scheinbar ein aufgesetztes Lächeln und vorgetäuschtes Interesse. Doch ohne Wertschätzung gibt es keine Wertschöpfung.

Wertschätzung kommt immer vor Wertschöpfung!

## Das beweisende Vorbild leben

**Wertschätzung vorleben ...**

Wertschätzung ist aber keine Währung, die eingefordert und abgezählt werden kann. Sie ist ein Faktor der Unternehmens-, ja, der Lebenskultur, der täglich vorgelebt werden muss. Und das beginnt bei Ihnen! Bei Ihrer persönlichen Einstellung, Ihrer Haltung und Ihrem Handeln. Sie können nur fordern, was Sie selbst leisten. Umgekehrt: Was Sie vorleben, werden Sie automatisch fördern. Wo Ihre Aufmerksamkeit hinfließt, wohinein Sie Energie investieren, das wächst. Als Führungspersönlichkeit verfügen Sie mit der ©lean leadership über einen Hebel, mit dem Sie das Verhalten Ihrer Mitarbeiter beeinflussen können – nämlich Ihr eigenes Verhalten; Verhaltensänderung ist durch Vorbildwirkung erreichbar. „Führen durch Vorbild" ist eine ebenso probate wie ethisch legitimierte und erfolgreiche Führungsmethode. Ein Großteil des faktisch existierenden Glaubwürdigkeitsproblems der Führungskräfte hat gewiss damit zu tun, dass zwischen geäußertem Wort und beobachtbarer Handlung oft Unterschiede existieren. Menschen orientieren sich immer am beweisenden, handelnden Vorbild statt an dem, was nur mit Worten gefordert wird!

**... gilt für jeden Einzelnen**

Ich möchte noch einmal betonen, dass letztlich jeder eine Führungspersönlichkeit ist. Zumindest führt jeder Mensch ein Leben und damit sich selbst. Sobald Sie Verantwortung für andere Menschen, für Mitarbeiter, übernehmen, bedürfen Sie natürlich besonderer Kompetenz in der richtigen Selbstführung. Denn wie Sie sich führen, so fühlen Sie sich auch! Genau das strahlen Sie auch aus! Dazu kommt der zweite Faktor: Wie Sie sich führen, so führen Sie auch andere!

**Die besten Führungskräfte orientieren sich an Werten**

Warum sollten wir die besten Führungskräfte sein, die wir werden können? Bevor wir diese Frage klären, müssen wir uns überlegen, was das überhaupt bedeutet: die besten Führungskräfte, die wir werden können. Die besten Führungskräfte sind die, die einem hohen moralischen Anspruch genügen, hervorragende Ergebnisse erzielen und sich dabei als Menschen auch noch weiterentwickeln. Kurz und knapp also: moralisch integer, wirtschaftlich erfolgreich, ergebnis- und gewinnorientiert. Sie beweisen sich immer am Ergebnis. Und das klärt auch die Frage, warum wir die besten Führungskräfte sein sollen, die wir werden können. Weil wir nur damit die besten Ergebnisse erzielen können. Dieser Zusammenhang ist durch Studien und Umfragen gut belegt. So gaben beispielsweise 85,4 Prozent aller Befragten in der Studie „Die Erfolgsfaktoren für den nachhaltigen Unternehmenserfolg“ (inu GmbH, 2007) an, dass Werte einen hohen Einfluss auf diesen Erfolg haben. An der Spitze liegen übrigens Führungswerte wie „Berechenbarkeit der Führenden“ und „Kongruenz zwischen Worten und Taten“!

## Echte Führungspersönlichkeiten schaffen die Bedingungen für Spitzenleistung

**Die wertschätzende Führungskraft ist Leitstern**

In meiner langjährigen Tätigkeit als Unternehmer, aber auch als Trainer und Vertriebsberater in Unternehmen sowie im Coaching habe ich festgestellt, dass sich nur bei entsprechender Werte-Ausrichtung exzellente und ergebnisorientierte Topteams bilden und auf hohem Niveau halten. Wer seinen Mitarbeitern als „Leitstern“ vorangeht, ihnen klare Ziele gibt und mit Offenheit und Vertrauen begegnet, vermittelt damit auch alle Informationen und Werte, die zum Erfolg führen! Erfolgreiche Führungskräfte schaffen auf dieser Basis eine Arbeitsatmosphäre voller Motivation und Freude an der Innovation. Sie beherrschen die Voraussetzungen für ©lean leadership, die herausragende Führung. Das geht nur, wenn die Führungskraft dabei authentisch agiert. Wenn sie selbst in Übereinstimmung mit ihren innersten Werten und den Werten des Unternehmens handelt. Die Übereinstimmung von inneren und äußeren Werten bedeutet Authentizität, sie führt zur motivierten Leistung, zu Enthusiasmus, zu finanziellem Erfolg.

## Die Zukunft wertvoll gestalten: ©lean leader nutzen die zehn Führungsprinzipien

**Führung mit Blick auf das Wesentliche**

Herausragende Führung ist also wichtiger denn je! Und das Modell dafür nenne ich ©lean leadership, also: saubere, klare und wesentliche Führung. Das ist mehr als nur ein gutes Management, mehr als eine saubere Verwaltung der Führungstätigkeiten. ©lean leadership bedeutet Respekt und Integrität gegenüber Mitarbeitern. Es bedeutet Menschenführung nach den Prinzipien der Wesentlichkeit, also reduziert auf das Essenzielle, auf Authentizität, Wert- und Nachhaltigkeit. Mit Fokus auf dem Ziel der Umsatzsteigerung und der Ertragsorientierung – denn nur so können Unternehmen ihrem gesellschaftlichen Auftrag nachkommen. Um diesen Kern, um dieses Wesentliche geht es bei herausragender Führung von Menschen. Und zwar auf allen vier Ebenen der Führung: der Selbstführung, der Führung im Dialog (1 : 1), der Teamführung, der Unternehmensführung. Dazu stelle ich Ihnen in den folgenden Kapiteln die zehn wesentlichen, auf das Wichtigste reduzierten Führungsprinzipien vor, die Sie als Führungskraft „©lean" und herausragend machen.

**Introspektion gehört zur Führungskompetenz**

Um zu dieser Stufe der Kompetenz als vorbildhafte Führungskraft zu gelangen, bedarf es vor allem zweierlei: erstens Ihrer Entscheidung, die beste Führungskraft zu werden, die Sie nur sein können. Und zweitens bedarf es der Introspektion, der andauernden Selbstprüfung. Nur wer sich immer wieder selbst hinterfragt und quasi von außen betrachtet, wer sein Wirken und Tun an messbaren Kriterien misst, wird einen fortgeschrittenen Kompetenzgrad der Selbstführung erreichen – und damit die Voraussetzung für die Führung von Menschen entwickeln. Dafür sollten Sie sich sowohl auf der rational-sachlichen als auch auf der emotionalen Ebene „beobachten", denn beide Aspekte schlagen sich in den Ergebnissen Ihrer Arbeit und Ihrer Zusammenarbeit mit Mitarbeitern, Kollegen und auch Familienmitgliedern und Freunden nieder. Sie prüfen sich gewissermaßen „auf

Herz und Hirn“. Solange Menschen andere Menschen führen, gibt es zwei Ebenen, auf denen Führungsverhalten geschieht: im Kopf und im „Bauch“. Ratio und Intuition. Entscheider-Wissen und Entscheider-Gefühl. Und damit müssen Herz wie Hirn der Mitarbeiter, der Vertriebspartner erreicht werden. Sie müssen verstehen, warum und wie sie etwas tun sollen, und sie müssen es wollen, sie müssen innere Zustimmung und Begeisterung dafür entwickeln. An beiden Aspekten zu arbeiten, ist eine herausfordernde Aufgabe. Vielleicht befürchten wir, dass sie uns überfordern könnte. Gerade Macher neigen dazu, sich auf greifbare Probleme zu konzentrieren. Dann Haken daransetzen und die nächste Baustelle anfahren. So funktioniert dies aber nicht. Hervorragende Führungspersönlichkeiten, ©lean leader, setzen auf der Ebene der Essenz, der Werte, des Wesentlichen an. Und je grundlegender die Änderung ist, desto größer ist auch ihre Hebelwirkung!

### ▶ Reflexion: Eigene Vorbildfunktion kritisch hinterfragen

Diese Anregung benötigt nur etwas Introspektion von Ihnen, aber viel Ehrlichkeit im Umgang mit sich selbst. Hinterfragen Sie selbstkritisch, ob Sie wirklich immer Ihrer Vorbildfunktion als Führungskraft gerecht werden.

- Kennen Sie Ihre Aufgabe im Leben – das, was Sie selbst antreibt und begeistert und Sie an andere weitergeben können?
- Tun Sie momentan, was dafür notwendig ist? Oder verlieren Sie sich auch schon mal in Aktionismus, in Dingen, die nicht wirklich zielführend sind, aber Ihnen selbst das Gefühl geben, dass Sie ja allerhand „machen"?
- Leben Sie vor, was Sie von anderen, von Ihren Mitarbeitern oder Vertriebskräften, verlangen?

**Nur wer verändert, schafft Neues**

„Nicht weil es schwer ist, wagen wir es nicht, sondern weil wir es nicht wagen, ist es schwer", hat schon der römische Philosoph Seneca gewusst. Oft scheuen wir im Leben vor etwas zurück, weil es uns unerreichbar scheint. Oder weil wir Unbequemlichkeiten auf dem Weg dorthin befürchten. Weil wir uns verändern müssen, um zum Ziel zu gelangen. Aber haben wir denn schon aufgehört, daran zu glauben, dass wir uns verändern können? Wir wissen doch, dass nur wer sich verändert, Neues und Besseres schaffen kann. Dass nur wer sich verändert, sich besser erschaffen kann. Denn es geht nicht nur schlicht um „Change" – die Veränderung um der Veränderung willen. Es geht um die Verbesserung, die durch Wandel erreicht werden kann! Sind wir die besten (Selbst-)Führungskräfte, die wir werden können? Sind Sie die beste Führungskraft, die Sie sein können?

# 1 Das erste Führungsprinzip: Fokussiere dich auf die wesentlichen Dinge

| | |
|---|---|
| ▶ **Wofür brauchen Sie dieses Prinzip?** | Dieses Führungsprinzip zielt darauf ab, dass Sie mit einigen wesentlichen und einfachen Aspekten mehr für Ihre Arbeit am Unternehmen erreichen können als mit ständig neuen Führungsmodellen. Diese Aspekte werden dargestellt. |
| ▶ **Was macht dieses Prinzip aus, welche Führungskompetenzen stehen im Fokus?** | Fokussierung, Mental Cleaning, Intuition, Erfahrungswissen |
| ▶ **Wie können Sie diese Kompetenzen stärken?** | Sie erhalten drei Reflexionen und Übungen, mit denen Sie Ihr Mental Cleaning voranbringen und Ihre Intuition stärken können. |

Etwas auf das Wesentliche zu reduzieren, ist ein harter Prozess, denn dazu müssen Sie sich von vielen Theorien der Führung und auch von vielem, was Sie von Ihren wesentlichen Aufgaben abhält, verabschieden. Arbeiten Sie mehr am, weniger im Unternehmen. Visionen, Ziele und Strategien führen Ihre Firma in die Zukunft, nicht die Hunderte von Arbeitsstunden, die Sie mehr oder weniger effizient am Schreibtisch verbringen, nicht die Social-Media-Kanäle, die Sie bespielen, oder die Vielzahl von E-Mails, die zwischen Ihnen und Ihren Mitarbeitern hin- und

Das erste Führungsprinzip entspricht dem 1. Prinzip der Clean leadership: Das Wesen der Dinge ist immer einfach und entscheidend.

herfliegen. Zu viel Ballast herumtragen, sich auf verschiedenen Märkten verzetteln, versuchen, es jedem potenziellen Kunden recht zu machen, das Festhalten an Dingen, die nicht Kerngeschäft sind – das macht verwechselbar, das stellt infrage, das vernichtet Sinn. Und es führt weg vom Wesentlichsten:

Es gilt, das Richtige zur richtigen Zeit, am richtigen Ort richtig, oft und konsequent zu tun.

**Entwickeln Sie Ihren inneren Kompass!**

Dieser Leitsatz liest sich zwar sehr leicht, aber er ist in sich sehr komplex, da er eine Vielzahl von recht unbestimmten Variablen umfasst, die Sie alle „richtig" gestalten müssen. Denn das „Richtige" ist nichts Absolutes, es ist immer nur situativ richtig, aber es gewinnt an normativer Kraft, wenn es auf den „richtigen", guten klassischen Werten beruht. Und wir gewinnen an Sicherheit, wenn wir es oft und konsequent tun. Tausendfach Eingeübtes geht in das automatisierte Wissen über, es wird zu einem unbewussten Hebel. Es wächst zu dem, was wir Intuition oder „Bauchgefühl" nennen, denn wir müssen nicht mehr darüber nachdenken, was denn jetzt „richtigerweise" zu tun wäre. Wir entwickeln einen inneren Kompass.

### Übung: Mental Cleaning

Um mehr Achtsamkeit zu entwickeln und Ihre Intuition zu schärfen, gibt es einfache Übungen, die Ihre Aufmerksamkeit auf Ihr Innerstes lenken und die Ihnen schon nach kurzer Zeit mentale Vorteile bringen. Eine dieser Übungen des „Mental Cleaning" ist das „Reinigen des Rucksacks" (Clean your Back).

Das heißt konkret: Machen Sie es sich jeden Abend zur Pflicht, „Ihren Rucksack zu leeren". Und wenn es nur fünf Minuten sind – nutzen Sie dieses hilfreiche Ritual für sich. Sie werden sich sofort leichter fühlen und sich besser fokussieren können.

Stellen Sie sich jeden Abend diese drei Fragen und schreiben Sie die Antworten in Ihr persönliches Erfolgs- und Motivationstagebuch:

1. Was habe ich heute lernen können?
2. Worüber habe ich mich heute von Herzen gefreut? Profis schreiben dies jeden Abend in ein Erfolgstagebuch, das direkt neben dem Bett liegen sollte.
3. Wofür bin ich dankbar? Es reicht eine einzige Idee, die Sie mit in den Schlaf nehmen. Oft wächst sie bis zum anderen Morgen zu einer größeren Inspiration an!

## Einfach intuitiv – das Richtige im rechten Augenblick

**Die innere Stimme als Entscheidungshilfe**

Wenn wir die Verhaltensmuster erfolgreicher Menschen genauer betrachten, werden wir eine bemerkenswerte Feststellung machen: Viele Topunternehmer treffen ihre beruflichen und geschäftlichen Entscheidungen nicht nur über den Weg der Ratio, sondern auch „aus dem Bauch heraus“, also intuitiv. Kennen Sie das auch, dass eine innere Stimme Ihnen sagt, was zu tun ist? Natürlich lautet die Erfolgsformel nicht: gefühlsmäßige Bewältigung von komplizierten Situationen statt rationaler Lösungen. Entscheidungen sollten weder monokausal, also nur auf Basis einer Information, der Darstellung nur einer „Seite“, noch eindimensional getroffen werden. Damit meine ich, dass nicht nur entweder die rationale oder die emotionale Ebene zur Entscheidungsfindung herangezogen werden sollte, sondern beide gemeinsam. Die Entscheidungsebene, die wir erspüren, wird auch als Intuition bezeichnet. Die Intuition hilft uns, sämtliche Wahrnehmungen, Erklärungen und Deutungen als Teil eines Lernprozesses effektiver zu begreifen und aufzuschlüsseln, als dies der Verstand allein kann. Für den Begriff „Intuition“ gibt es vielfältige Erklärungen. Goethe sprach von einer Offenbarung, die sich aus dem inneren Menschen entwickelt. C. G. Jung verstand darunter eine Art instinktives Begreifen. Beide Erklärungen laufen auf das Gleiche hinaus: Wir erkennen, dass es möglich ist, etwas zu verstehen, ohne das Wie und das Warum erklären zu können. Intuition ist wesentlich: Sie ist geronnene Erfahrung, die auf unbewussten Wahrnehmungen beruht und sich im richtigen Moment in einem Funken, einer Erkenntnis, löst. Intuition entwickelt sich in Kenntnis um die Dinge.

## Wie können Sie im Business von Ihrer Intuition profitieren?

**Intuition als Schlüssel zur Problemlösung**

Auf Ihre Intuition als zusätzlichen Ratgeber zu setzen, hat für Sie als Führungskraft einige Vorteile, denn sie ist schnell, spontan, „tiefenanalytisch", erfasst ganzheitliche Zusammenhänge – sie fußt immer auf gemachten Erfahrungen und ist damit quasi internalisiertes Wissen. Wenn Sie den tieferen Sinn der Dinge erfassen und in Millisekundenschnelle innerlich bewerten wollen, brauchen Sie einen Schlüssel. Die Intuition ist solch ein Türöffner. Sie kommt uns meist dann zu Hilfe, wenn wir längst aufgegeben haben, ein Problem lösen zu wollen. Im Umkehrschluss heißt das: Intuition kann nicht erzwungen werden. Meist meldet sie sich dann, wenn wir an etwas völlig anderes denken, losgelassen haben, mit etwas anderem beschäftigt sind. Bedauerlicherweise ist nun nicht jede spontane Eingebung gleich schon eine Intuition. Oft sind es auch gelernte Äußerungen oder Glaubenssätze anderer Menschen, die sich auf diese Art bei uns melden. Das macht das Erkennen schwer. Hier hilft Ihnen die Introspektion weiter: Die häufige Beschäftigung mit Ihren spontanen kreativen Ideen kann Ihnen helfen, zwischen Beeinflussung und Intuition zu unterscheiden.

## ▶ Reflexion: Intuition schärfen

Um intuitiv handeln zu können, benötigen Sie einen guten Kontakt zu Ihrer Gefühlsebene. Voraussetzung dafür ist, dass Sie Ihre eigenen Gefühle wahrnehmen. Heute bezeichnet man diese bewusste Wahrnehmung und Fokussierung auf die eigenen Gefühle auch als „Achtsamkeit". Hier drei Reflexionen, drei Impulse, mit denen Sie Ihre Intuition schärfen können:

1. Diese Fähigkeit können Sie trainieren, indem Sie sich drei- bis fünfmal täglich bewusst machen, was Sie fühlen: Sie benennen Ihren momentanen Status, Ihr Gefühl mit konkreten Worten. Das machen Sie nicht laut, sondern in Gedanken. Seien Sie präzise, ganz genau. Sie schulen damit Ihre Achtsamkeit.
   Wichtig: Bewerten Sie die Gefühle, die Sie (emp)finden nicht, beschreiben Sie sie nur. Das aber sehr genau!
2. Verstärken können Sie den Effekt mit simplem Training: Wenn das Telefon klingelt, erspüren Sie, wer dran sein könnte, etc. Machen Sie ein Spiel daraus!
3. Wenn Sie künftig eine Entscheidung treffen, achten Sie bewusst auf Ihre erste spontane Eingebung dazu und fassen Sie sie innerlich in Worte. Vergleichen Sie, zu welchem Ergebnis Sie bei logischer Abwägung der vorliegenden Fakten kommen. Dann wägen Sie beide Entscheidungen in ihren möglichen Auswirkungen ab. Auf diese Weise bekommen Sie ein feineres Gespür für die Abläufe auf Ihrer Gefühlsebene und öffnen sich für Ihre intuitiven Eigenschaften.

## Intuition bedarf des Trainings

**Zeit investieren, um Zeit sparen zu können**

Natürlich werden einige eher sachlich orientierte Macher jetzt einwenden, dass sie keine Zeit dafür haben, ihre Intuition zu trainieren, oder dass sie keinen Zugang zu ihrer Intuition haben. Ersteren antworte ich mit der Geschichte vom Bauern, der niemals die Nester seiner Hühner mit den schönen Eiern drin finden konnte. Jeden Abend fragt ihn seine Frau, ob er denn nun einen Hühnerstall gebaut habe, damit die Hühner nicht immer abhauen könnten – und jeden Abend verneint er mit dem Hinweis, er habe schließlich den ganzen Tag damit verbracht, hinter den Hühnern herzurennen und ihre Nester zu suchen. Tja. Manchmal muss man ein wenig Zeit investieren, um viel Zeit sparen zu können. Man kann etwas Zeit ins Training seiner Intuition investieren, damit man viel Zeit mit den falschen Entscheidungen spart! Denn im Sinne der Zielsetzung kosten falsche Entscheidungen immer viel Zeit! Intuition ist ein Mittel – freilich nur eines und vielleicht das erste –, komplexe Sachverhalte zu erfassen und aus den Handlungsoptionen schnell eine passende auszuwählen. Allerdings muss man „Intuition lernen", wie es Andree Martens nach seinen vielen Gesprächen mit Experten zum Thema in managerSeminare 209/2015 zusammenfasst.

**Der innere Minister als Stimme der Intuition**

Der anderen Gruppe kann ich versichern, dass sie in der Lage ist, Vergessenes, Verschüttetes wieder aufzurufen. Dabei speist sich das Fließen der Intuition aus mehreren Quellen: aus Ihrer Verbindung zu Ihrem „inneren Minister im Bauch", der sich eigentlich sowieso zu allem meldet, und aus vieltausendfachen Minierfahrungen, die Sie in Ihrem bisherigen Leben bereits bewusst und unbewusst gemacht haben und die Ihre Intuition in Millisekunden zu einer Entscheidungseinheit zusammenruft. Wie schon gesagt: Intuition ist keine Magie, die uns ereilt, sie speist sich immer aus vieltausendfach gemachten, vielleicht aus dem Bewusstsein verdrängten Erfahrungen, die sich zu einem Wissen verdichtet haben, welches sich in kürzester Zeit aktualisieren kann. Das ist beispielsweise bei Feuerwehrleuten nachgewiesen, die manchmal in Sekunden bei Bränden zum Helden wurden, weil sie ihrer Intuition folgten. Was dabei in den Feuerwehrleuten geschieht, haben Forscher nachvollzogen: Intuitiv werden Hunderte, wenn nicht Tausende von gespeicherten Miniinformationen von anderen Bränden abgeglichen, aus denen eine „druckvolle“ Information entsteht: „Hier stimmt was nicht!“ Das sind die Millisekunden, die Menschen vor Explosionen oder Einstürzen bewahrt haben – eine Reaktionsschnelligkeit, die sich nachher keiner mehr erklären kann.

**Intuition und Ratio als Team**

Natürlich ist Intuition nur eine Option von mehreren, um Komplexität zu beherrschen und Entscheidungen zu treffen – meist filtern wir sie im nächsten Schritt durch die Ratio. Das kann auch sehr ratsam sein, wenn wir dabei nicht unser Bauchgefühl total übergehen oder ihm zuwiderhandeln. Die neuere Forschung kommt zu dem Ergebnis, dass sich das intuitive Wissen immer aus vergangenen Quellen speist, in Zeiten schneller Änderungen sich also womöglich für Prozesse oder Entscheidungen, die die Zukunft betreffen, nur beschränkt eignet, da es hinterherzuhinken droht (Andreas Zeuch, zitiert von Andree Martens). Und doch erfassen wir – keine moderne Managementlehre wird dem widersprechen – das Wesentliche für jede Entscheidung in unserem Privat- und Businessleben zunächst intuitiv. Einfach entscheiden(d).

# 2 Das zweite Führungsprinzip: Handle zuverlässig als Vorbild

| | |
|---|---|
| **Wofür brauchen Sie dieses Prinzip?** | Dieses Führungsprinzip zielt darauf ab, dass Sie als Führungskraft Ihre Ressourcen kennenlernen und nutzen, um ein leistungsfähiges, konsequentes und verlässliches Vorbild zu sein. Denn nur mit guter eigener Energie können Sie sich um Ihre Mitarbeiter und Kunden so kümmern, dass diese, Ihr Unternehmen und Sie selbst von Ihnen profitieren. |
| **Was macht dieses Prinzip aus, welche Führungskompetenzen stehen im Fokus?** | Zuverlässigkeit, Vertrauenswürdigkeit, Konsequenz, Kohärenz, Ressourcenorientierung |
| **Wie können Sie diese Kompetenzen stärken?** | Sie erhalten eine Anleitung zu Ihrer Wertearbeit, Impulse, wie Sie Ihre Entscheidungen für ein konsequentes Handeln wertebewusst absichern, sowie Hinweise, wie Sie Fremd- und Selbstbild abgleichen |

Das zweite Führungsprinzip entspricht dem 2. Prinzip der ©lean leadership: als Vorbild verbindlich und zuverlässig handeln.

Als Führungskraft müssen Sie immer ein Vorbild sein – denn Sie werden durch Ihr Vorbild führen: „Walk your talk!“ Dazu müssen Sie eine Übereinstimmung zwischen Ihren Worten und Ihren Taten, Ihren Werten und Ihrer Wirkung leben, verbindlich sein. Wer Wasser predigt und Wein trinkt, verliert seine Glaubwürdigkeit und Autorität. Wer aber die behaupteten Werte nicht nur trockene Worte sein lässt, sondern stets und konsequent mit Leben füllt, wird nicht nur als wertvoll und zuverlässig empfunden, er wird auch das innere Glück und die Kraft genießen, die ihm diese Werte für seine Arbeit geben. Diese Werte sind moralische und ethische Werte im Sinne des Gemeinwohls. Und dieses umfasst immer auch Ihr Unternehmen.

**Wer Wasser predigt, sollte keinen Wein trinken**

## Übung: Authentische Werte ermitteln

Wer nicht weiß, wo er steht, kennt auch nicht die Richtung, in die er gehen muss – und er weiß noch viel weniger, wohin er andere führt! Ihre inneren Werte, Ihre ältesten und tiefsten Überzeugungen machen Ihre Motivatoren aus. Sie treiben Ihr Leben und Streben mit Energie voran. Wenn Sie sich mit diesen Motoren bewegen, wird jede Bewegung leicht. Doch wenn Sie dagegenarbeiten, wird auf Dauer alles schwer, laugt Sie aus.

Daher sollten Sie in Abständen von zwei bis drei Jahren die Werte ermitteln, die wesentlich für Sie sind. Und diese abgleichen mit den Werten, die in Ihrem Unternehmen gelebt werden.

- Machen Sie eine Liste aller Werte, die Ihnen außerordentlich wichtig sind. Testen Sie dann jeden Wert gegen jeden anderen: Sie müssen sich immer entscheiden.
- So bleiben schlussendlich drei bis fünf Topwerte übrig, die Ihnen wirklich wichtig sind.
- Gleichen Sie diese mit dem Wertekodex Ihres Unternehmens ab. Finden Sie sie – und damit sich – dort wieder, werden Sie Ihrer wichtigen und notwendigen Vorbildfunktion authentisch gerecht werden können.

Das gilt übrigens auch an der Spitze einer Vertriebs- oder Marketingorganisation oder einer Firma: Sie müssen dort das leben können und dürfen, was Ihnen im Innersten wichtig ist. Nur so können Sie auf Dauer Leistung mit Spaß bringen, ohne auszubrennen. Ist das nicht der Fall: Ziehen Sie die Konsequenz! Sprechen Sie wenigstens mit einem Coach, der Ihnen hilfreiche Impulse geben kann.

## Wertekonflikte vermeiden

**Nicht jeder hat die gleichen Wertvorstellungen**

Ganz klar ist, dass Werte nicht nur für Sie die inneren Treiber, die Motoren, sind, sondern auch für Ihre Mitarbeiter, Kollegen und Kunden. Und natürlich auch: Familienmitglieder, Freunde, Sozialkontakte. Daher ist es für Sie als Führungskraft, als ©lean leader, sehr wichtig, sich Ihrer Vorbildfunktion mit Achtsamkeit – über die wir schon gesprochen haben – bewusst zu sein. Das heißt, dass Sie darüber reflektieren sollten, inwieweit die Ihnen persönlich wichtigen Werte mit den Werten der Menschen, deren Tun Sie letztlich auch anleiten und bewerten, übereinstimmen. Sie müssen sich der „inneren Agenda“, der Wertelandschaft der Menschen bewusst sein, die Sie täglich führen. Natürlich können Sie diese nicht in toto kennen oder verstehen – es genügt oft schon, wenn Sie sich selbst immer wieder vor Augen führen, dass diese Werte existieren und das Verhalten anderer oder des Unternehmens bestimmen. Und dass Menschen und Unternehmen darum in gewisser Weise reagieren, wenn Sie diese Werte (unwissentlich) verletzen.

! Das Bewusstsein für die Werte anderer muss stark in Ihnen als Führungspersönlichkeit sein.

Diese Erkenntnis darf aber nicht dazu führen, dass Sie sich „danach richten“, indem Sie die falsch verstandene Rolle als „antiautoritäre Führungskraft“ einnehmen oder als „Kollege Ihrer Mitarbeiter“ Ihre Vorbildfunktion aufgeben, um den Erwartungen Dritter gerecht zu werden. Damit würden Sie sich und Ihrem Unternehmen einen schlechten Dienst erweisen: Sie würden sich als schwache Führungskraft präsentieren, es an der notwendigen Konsequenz mangeln lassen, Orientierung und Führung zu geben, und auf lange Sicht selbst ausbrennen.

**Bleiben Sie Ihren Wertvorstellungen treu!**

Ja, dieses Prinzip verpflichtet Sie als hervorragende Führungskraft in der Konsequenz dazu, Wertekonflikte auf mehreren Ebenen zu bedenken: zwischen Ihren Werten und denen des Unternehmens (Kodex), zwischen Ihren Werten und denen Ihrer Mitarbeiter und zwischen den Werten der Mitarbeiter und den Unternehmenswerten. Zu letzterem Punkt kommen wir später im Kapitel Recruiting noch einmal zurück.

### ▶ Reflexion: Werte

Bei dieser Reflexion geht es darum, dass Sie sich bei Ihren (beruflichen) Entscheidungen fragen, nach wessen Werten Sie vorgehen wollen. Setzen Sie Ihre eigenen Werte um oder das, von dem Sie annehmen, dass andere es von Ihnen erwarten? Die Erfahrung zeigt, dass wir uns oft nach diesen Annahmen richten – und wir keinerlei Information darüber haben, ob sie stimmen. Ob Dritte überhaupt Erwartungen an uns haben oder welcher Art diese sind. Sie können daher einen Werteentscheidungsbaum für Ihre beruflichen Entscheidungen aufstellen, mit dessen Hilfe Sie Punkt für Punkt abfragen, welcher Ihrer wichtigsten Werte betroffen oder befriedigt wäre – das gibt Ihnen Sicherheit und damit die Konsequenz einer starken Führungspersönlichkeit. Hier ein Beispiel, das auf den vorher bestimmten wichtigsten Werten dieser Führungskraft beruht:

Bei jeder größeren Entscheidung im Business frage ich mich, ob diese

- mich in meiner persönlichen Entwicklung weiterbringt / ich damit etwas Neues lernen kann,
- dem Großteil der Mitarbeiter in meinem Unternehmen nutzt,
- mehr Umsatz oder Gewinn für mich respektive mein Unternehmen erzeugt,
- Innovation für mein Unternehmen oder meine Zielsetzung bedeutet,
- ein Ergebnis bringen wird, das als Produkt oder Leistung anderen das Leben leichter oder schöner macht – das mithin gebraucht wird,
- mit meinen Werten bezüglich Nachhaltigkeit und Umweltschutz vereinbar ist,
- einen Vorgang zur Zielerreichung leichter, besser oder schöner macht,
- Auswirkungen auf das gute Zusammenleben mit meiner Familie hat,
- mir mehr persönliche Ressourcen bringen oder mich mehr Kraft und Zeit kosten wird.

Die Führungskraft aus diesem Beispiel hat sich zur Grundregel gemacht, eine positive Entscheidung für den zur Debatte stehenden Punkt nur zu treffen, wenn mindestens fünf der neun Reflexionsfragen positiv beantwortet sind.

Das ist letztlich Ihnen überlassen – der Vorteil solcher Wertereflexionen ist, dass sie Ihnen nach kurzer Zeit der Praxis in Leib und Seele übergehen und Sie damit befriedigende Entscheidungen treffen, die mit Ihren Werten übereinstimmen und die Sie daher auch authentisch kommunizieren und als Vorbild durchhalten können.

## Die Paradoxie des Authentischen

Authentisch allein reicht nicht

Momentan herrscht fast schon eine Diktatur des Wortes „Authentizität“ – jeder und alles soll „authentisch“ sein. Doch mir ist das zu wenig. Zunächst einmal bedeutet „authentisch“ noch nicht, dass jemand besonders stark, edel, wertebewusst oder visionär ist. Das griechische „authentikós“ bedeutet „echt“ oder „zuverlässig“ – man kann auch ein authentischer „Vollpfosten“ sein. Es gibt daher sogar neuerdings Berater, die behaupten, Authentizität sei ein Weg, seine Karriere zu zerstören, weil man damit vielleicht nicht genügend an die Karriereforderungen (anderer) angepasst sei. Doch welches Menschenbild haben diese Berater? Ihre Behauptung kann nicht stimmen, weil der heutige Authentizitätsbegriff drei Aspekte umfasst, die eigentlich paradox sind: Brodmerkel (managerSeminare 109/2007) nennt sie bewusste Natürlichkeit, Inszenierung und Wirkungskalkül. Im Prinzip bedeutet dies, dass Menschen verschiedene Teilaspekte ihres authentischen Potenzials situationsangemessen ausleben und einsetzen, was sie nicht weniger authentisch macht.

Es bedarf zusätzlich der Kohärenz

Ich bin der Meinung, dass die momentan überall zu hörende Forderung nach der authentischen Führungskraft schlicht zu kurz gegriffen ist. Benötigt werden Führungskräfte, die verbindlich werteorientiert handeln. Die einen inneren Zusammenhang zwischen Werten und Verhalten leben. Diesen Zusammenhang kann man auch Kohärenz nennen. Kohärent handeln Führungskräfte dann, wenn sie

1. durchgehend auf Basis eines (offengelegten) Wertesystems agieren und
2. dabei verbindlich und konsequent sind.

Dann strahlen sie Vertrauenswürdigkeit und Zuverlässigkeit aus. Wer als Führungskraft nicht vertrauenswürdig, nicht konsequent und nicht zuverlässig ist, wird höchstens ein Gefolge (also in aller Regel unfreiwillig folgende Befehlsempfänger), keine Follower (aus eigener Überzeugung Folgende) heranziehen. Er strahlt aus, dass er es nicht wert ist, dass man ihm vertraut, und dass Zuverlässigkeit keine Tugend ist, die von den Mitarbeitern erwartet wird. Konsequenz ist eine Grundtugend der Zuverlässigkeit; wer sein Fähnchen in jeden Wind hält, wird weggeweht. Konsequenz gibt zudem die Spielregeln vor, an die sich alle zu halten haben.

**Ethische Wertvorstellungen als Richtschnur für Konsequenz**

Regeln und Konsequenz sind in Organisationen unentbehrlich – und regelwidriges Verhalten muss Konsequenzen nach sich ziehen. Zuverlässig. Ob ein Verhalten regelwidrig ist, richtet sich nach den grundlegenden Werten, die in der Organisation von allen geteilt werden. Basis sind demnach die ethischen Wertvorstellungen, auf die sich eine Organisation – Ihre Firma oder Ihr Vertrieb – verständigt hat. Also zeichnet eine authentische Führungspersönlichkeit außerdem aus,

1. dass sie sich über ihre eigenen Werte, Überzeugungen und Glaubenssätze klar ist und
2. dass sie diese innere Klarheit in ihr äußeres Tun übersetzt und
3. dass sie ihre eigenen Werte, Überzeugungen und Glaubenssätze im Idealfall in Übereinstimmung mit den Werten bringt, die das Unternehmen vertritt, in dem sie arbeitet. Wer konsequent gegen seine eigenen inneren Überzeugungen handelt, kämpft gegen sich selbst: Er vernichtet seine Motivation, Begeisterung und Leistungsfreude – und über kurz oder lang auch seine Glaubwürdigkeit in der Öffentlichkeit.

**Wirken Sie authentisch?**

Wann ist Ihr (Führungs-)Verhalten authentisch und verbindlich? Wenn es erstens von Ihnen selbst und zweitens von Außenstehenden, wie Ihren Mitarbeitern, so empfunden wird. Sie persönlich können Ihr Handeln auf Basis Ihrer inneren Werte, Ihrer Überzeugungen als authentisch oder aufgesetzt beurteilen – Außenstehende oder Ihre Mitarbeiter können das nicht. Denn diese haben im Allgemeinen keine wirkliche Kenntnis von Ihren Wertvorstellungen. Was sie beurteilen können, ist, ob ihnen Ihr Verhalten als konsequent auf die Werte Ihres Unternehmens bezogen erscheint. Ist dies der Fall, werden Sie als authentisch und glaubwürdig erlebt. Die meisten Menschen glauben, dass sie als authentisch oder kohärent handelnd empfunden werden müssten – empfinden sie sich doch selbst so. Es entsteht eine Diskrepanz zwischen Eigen- und Fremdwahrnehmung.

**Sie selbst kennen sich am besten**

Sie allein wissen, was in Ihnen vorgeht. In diesem Zusammenhang ist die folgende Übung nützlich, insbesondere wenn Sie in Ihrem Unternehmen oder in der Führungsriege – bei sich selbst – nicht eine institutionalisierte oder toolbasierte 360-Grad-Feedback-Analyse eingeführt haben, die auf ähnliche Aspekte zielt.

### Übung: Eigen- und Fremdbild abgleichen

Mein Vorschlag: Machen Sie den Schritt vom „dumpfen Irgendwie" zur konkreten Positionsbeschreibung.

Holen Sie von Dritten – Ihren Mentoren, guten Bekannten, vertrauenswürdigen Kollegen – möglichst detailliertes Feedback darüber ein,

1. wie Ihre Außenwirkung im System Unternehmen, im Business und im Privatleben ist (hier geht es um Beschreibungen, nicht um Wertungen!),
2. welche Vermutungen diese bezogen auf Ihr Wertesystem hegen (also Vermutungen – denn mehr kann ein Dritter nicht leisten) – darüber: Was treibt Sie wirklich an, welche Überzeugungen sind Ihnen wichtig?),
3. wie stark in Übereinstimmung mit diesen Werten handelnd Sie wahrgenommen werden.

Gleichen Sie nun Eigenbild und Fremdbild miteinander ab.

Wenn Sie eine gute Gruppe von Menschen – solche, die versuchen, wirklich ehrlich und aufrichtig zu sein, die Sie nicht spaßeshalber verletzen oder Ihnen nur schmeicheln wollen – gefunden haben, werden Ihnen die Ergebnisse teilweise sicher wehtun. Aber es ist ein heilender Schmerz! Ich verspreche Ihnen, Sie werden zu neuen Einsichten gelangen! Nicht nur darüber, wie das Ihnen „unterstellte" Wertesystem aussieht, sondern auch darüber, als wie stark Sie „in Übereinstimmung mit sich selbst" empfunden werden. Im Ergebnis können Sie nur wachsen: Nur kohärentes Handeln ist fokussiert, klar und einfach erfolgreich!

## Übereinstimmende Wertesysteme erleichtern Kohärenz

**Wertesystem mit Vorbildcharakter**

Kohärentes Verhalten also beruht auf einem starken Wertesystem, das von einer Führungskraft in Übereinstimmung mit dem Wertesystem des Unternehmens in der täglichen Umsetzung gelebt wird. Im Idealfall stimmt es auch zu einem großen Anteil mit dem Wertesystem der Mitarbeiter überein (die sonst dort auch fehl am Platz und auf Dauer unglücklich wären). In einigen Fällen werden solche Werte so konsequent, so authentisch umgesetzt, dass sie sogar Vorbildcharakter für eine ganze Branche erhalten. Viele Beweise dafür sind in Büchern zusammengetragen worden, die sich mit den Faktoren außergewöhnlichen geschäftlichen Erfolges beschäftigen. Ich will hier nur eines anführen, das Förster & Kreutz in ihrem empfehlenswerten Newsletter vom 7. April 2009 beschreiben: Der Onlineshop Zappos* hat sich unter seinem Gründer Tony Hsieh ganz dem Wert Service verschrieben und damit das Geschäft von anfangs 1,6 Millionen Dollar zehn Jahre später auf eine Milliarde Dollar ausgeweitet. Und das heißt: 365-tägiges Rückgaberecht bei freiem Versand. Die Farbe gefällt Ihnen nicht? Senden Sie Ihre

* www.zappos.com/d/about-zappos-culture (dok. Jan. 2016)

Schuhe innerhalb eines Jahres zurück! Was passierte? Die Entscheidung für den Wert Service wird authentisch durchgehalten und die Kunden danken es Zappos mit Treue und sehr vielen Weiterempfehlungen. Ähnliches gilt beispielsweise für Lands' End*, das Sie vielleicht aus Deutschland kennen: Die Firma mit Sitz in Mettlach nimmt immer, auch nach Jahren, alle Produkte zurück – und die Kunden nutzen das nicht etwa aus, sondern lieben das „ewige Garantieversprechen" als echten, authentischen und herausragend gelebten Wert.

BEISPIEL

*Bei Zappos wurde aber nicht nur dieser eine Wert prägend für die Unternehmenskultur, sondern gleich zehn. Sie lauten (2015):*

- *Schaffe ein Wow-Erlebnis durch herausragenden Service.*
- *Begrüße Veränderungen und treibe sie voran.*
- *Habe Spaß und sei ein bisschen verrückt.*
- *Sei abenteuerlustig, kreativ und offen für Neues.*
- *Versuche, ständig zu wachsen und zu lernen.*
- *Nutze die Kommunikation, um offene und ehrliche Beziehungen zu schaffen.*
- *Kultiviere Teamgeist und eine familiäre Atmosphäre.*
- *Schaffe mehr mit weniger.*
- *Sei leidenschaftlich und zielorientiert.*
- *Sei bescheiden.*

Naturgemäß ist authentisches und verbindliches (Führungs-) Handeln umso einfacher und effektiver, je klarer allen Beteiligten solche an Werten orientierte Regeln sind. Daher gehört es heute zum Standard, dass Unternehmen ihren Wertekodex gemeinsam erarbeiten und schriftlich festhalten. Denn daraus leiten sich Ziele ab, die den Impuls des Erfolges bereits in sich tragen, wie wir beim nächsten Führungsprinzip sehen werden.

*www.landsend.de/de_DE/Unsere-Garantie/co/ks-garantie.html (dok. Jan. 2016)

# 3 Das dritte Führungsprinzip: Verfolge die richtigen, von Werten geprägten Ziele

| | |
|---|---|
| ▶ **Wofür brauchen Sie dieses Prinzip?** | Dieses Führungsprinzip unterstützt Sie dabei, Klarheit zu gewinnen – gerade im Hinblick auf Ihre persönlichen Ziele. Denn so, wie Sie im Management Ziele festlegen, die das Unternehmen materiell erreichen soll, müssen Sie auch Ihre persönlichen Ziele als Führungskraft definieren. |
| ▶ **Was macht dieses Prinzip aus, welche Führungskompetenzen stehen im Fokus?** | Klarheit, Aufrichtigkeit, Zielorientierung, Führen mit Zielvereinbarungen |
| ▶ **Wie können Sie diese Kompetenzen stärken?** | Sie lernen, die Frage nach dem Wie statt nach dem Was zu analysieren. |

Klarheit über Ziele – und zwar für alle Beteiligten, das ist eine hohe Anforderung an die Führung. Ein hoher Wert. Führung beruht jedoch, wie wir schon gesehen haben, stets auf Werten. Alles andere ist höchstens Management, ist Verwaltung.

Das dritte Führungsprinzip entspricht dem 3. Prinzip der ©lean leadership: Klarheit über Ziele bringt nachhaltigen Erfolg.

Was das „richtige Ziel" ist und welcher der „richtige Weg" dorthin, kann immer nur aus einem übergeordneten großen ethischen Wert abgeleitet werden. Solche Werte sind immer emotionale Motoren, sie sind immer grundlegend und wesentlich.

## Klarheit schaffen

**Die verschiedenen Ebenen der Führung**

Solche Werte finden und einsetzen kann nur die ethisch und moralisch legitimierte Führungspersönlichkeit, die

- auf der ersten Ebene der Führung als Vorbild handelt,
- auf der Ebene der direkten Mitarbeiterführung unter vier Augen, also im Gespräch, authentisch und menschenorientiert Entscheidungen fällt, begründet und durchsetzt,
- auf der Teamebene dafür sorgt, dass durch echte Zusammenarbeit 2 plus 2 immer 5 ist und
- das Große und Ganze der Unternehmensführung im Auge behält.

**Klarheit braucht Achtsamkeit und Aufrichtigkeit**

Dafür muss sie Klarheit als Kompetenz verstehen und diese entwickeln. Klarheit bedeutet, gerade dort hinzusehen, wo es wehtut. Wo die kleinen Kellertierchen losrennen, wenn das Licht angeht. Wie wir bereits gesehen haben, ist eine Voraussetzung von Klarheit Achtsamkeit, denn Klarheit braucht die Grundlage der Erkenntnis. Eine zweite Grundlage ist Aufrichtigkeit: Es muss benannt werden können, was ist und wie es ist. Ob es um die eigenen Werte geht, die Ziele des Unternehmens oder den eigenen Umgang mit den Mitarbeitern und die eigene Einstellung zu ihnen. Oder um Prozesse, Herausforderungen, Ideen. Dazu eine Reflexion:

**▶ Reflexion: Klarheit gewinnen**

Machen Sie es sich zur Regel, mindestens einmal am Tag von der Was-Perspektive in die Wie-Perspektive zu wechseln!

Statt „Was denke ich über Problem A oder Mitarbeiter B?" fragen Sie sich: „Wie denke ich über Problem A oder Mitarbeiter B?"

Statt „Was denke ich über die Erreichung des gesetzten Ziels XY?" fragen Sie sich: „Wie denke ich über die Erreichung, wie denke ich über den Weg?"

Die Frage nach dem Wie schafft die Klarheit, die Sie für die Zielorientierung brauchen! Sie lautet: Denke ich konstruktiv und lösungsorientiert nach, drehe ich im Kopf jedes Problem so, dass ich mich nicht mit puren Beschreibungen oder Ähnlichem beschäftige, sondern positiv auf die Lösung des Problems zusteuere?

Nur wenn Sie Ihre Gedanken nicht mit destruktiven Gewohnheiten blockieren, können Sie Verbindung zu Ihren authentischen Ideen und Potenzialen bekommen und verbindlich werteorientiert handeln!

**Zielsetzung schafft Wert**

Einige Studien zeigen den deutlichen Zusammenhang zwischen der Beachtung von Wertesystemen – angenommen hier der Wert „unternehmerisches Wachstum" –, abgeleiteten Zielen und Erfolg in der Erreichung. Beispielsweise ergab eine Befragung des Bundesverbandes der Selbständigen e.V.* unter 802 Unternehmen in ganz Deutschland das klare Ergebnis: Je erfolgreicher

* www.bds-gewerbevereine.de/v2/public/land/content.aspx?id=41d6d02a-1c35-4ceb-b90d-6c023c6f30be (dok. Jan. 2016)

das Unternehmen (nach Selbsteinschätzung), desto häufiger waren klare Zieldefinitionen vorhanden. Während 82 Prozent der „sehr erfolgreichen“ und 78 Prozent der „erfolgreichen“ Firmen Ziele haben, setzen sich nur 39 Prozent der „erfolglosen“ und 54 Prozent der „sehr erfolglosen“ Betriebe ein Ziel. Genauso deutlich zeigt dies eine Langzeitstudie, die durch die Fachliteratur geistert*: Die Studierenden wurden 1979 am Ende des Studiums nach ihren Zielen für ihren beruflichen Erfolg befragt. 83 Prozent hatten kein Ziel, immerhin 14 Prozent hatten klare Zielvorstellungen – doch nur drei Prozent hatten diese auch schriftlich formuliert. Sie hatten quasi einen Vertrag mit sich selbst abgeschlossen. Das Ergebnis bei der zweiten Befragung genau zehn Jahre später zeigt Verblüffendes: 83 Prozent verdienen ca. 2.000 US-Dollar, 14 Prozent verdienen das Dreifache: 6.000 US-Dollar – und die letzten drei Prozent verdienen das Zehnfache: 20.000 US-Dollar.

## Wieso Zielsetzungen erfolgreich machen

**Ersehnte Ziele feuern Sie an!**

Sie können mit Spaß 100 Prozent Leistung bringen und Ihre Ziele erreichen, wenn Sie an das glauben (können), was Sie tun! Nur dann können Sie das Feuer der Begeisterung in sich und in anderen entfachen! Und dann haben Sie die Kraft, Herausragendes in Beruf, Firma und Privatleben zu erreichen. Ziele sind „Wunderdinge“, denn sie sind gleichzeitig die Motoren ihrer (eigenen) Umsetzung. Sie tragen quasi die Kraft zu ihrer Erfüllung in sich, da sie Sie motivieren, all Ihre Kraft dafür aufzubringen, zu sammeln und zu bündeln. Wenn es die richtigen Ziele sind, das heißt, wenn es wertvolle Ziele sind. Wenn es Ziele sind, die Sie sich klar vorstellen können. Wenn es Ziele sind, die Sie wirklich im Innersten erreichen wollen – weil sie mit dem übereinstimmen, was Sie wirklich wollen.

* Warum „geistert“? Vgl. dazu www.gruendungswissen.at/gruendungswissen/blog-post/2011/04/04/die-harvardstudie/ (dok. Jan. 2016)

## Übung: Zielfixierung

Als Unternehmer, Vertriebsleiter oder Führungskraft im Unternehmen ist es für Sie selbstverständlich: Sie fixieren die unternehmerischen Ziele für die nächste Zeit im Businessplan, Sie schreiben Zahlenwerke auf, notieren Fristen, kontrollieren, justieren nach. Und genau das machen Sie jetzt für Ihre persönlichen Ziele als herausragende Führungskraft! Sie schreiben auf:

1. Was ist mein nächstes Ziel als ©lean leader?

___

2. Bis wann will ich dieses Ziel erreicht haben? Hierzu notieren Sie ein genaues Datum – erreichbar, aber ambitioniert.

___

3. Was ist ein erkennbares Zwischenziel / was sind erkennbare Zwischenziele und bis wann habe ich dies(e) erreicht?

___

4. Was tue ich konkret dafür, um dieses Ziel zu erreichen?

___

5. Und was tue ich nicht mehr, das mich vom Ziel abhalten könnte?

___

Dann tragen Sie sich Ziel und Zwischenziel(e) in Ihre Kalenderverwaltung auf Wiedervorlage ein und beziehen sie in Ihre Übung „Clean your Back“ (siehe Kapitel 1) mit ein!

Nichts ist ein größerer Selbstbetrug als Zettel, die man innerlich unter „erledigt" ablegt, mit denen man nicht mehr arbeitet.
PS: Falls Sie mit Ihren Mitarbeitern bisher noch keine schriftlichen Zielvereinbarungen treffen, beginnen Sie jetzt damit! Nur auf Basis dieser schriftlich fixierten Ziele können Sie konkrete Fortschritte, Defizite und nächste Schritte festhalten und überprüfen. Das gibt beiden Seiten, Ihnen und den Mitarbeitern, das gute Gefühl objektivierbaren Feedbacks.

## Persönliche Ziele im Einklang mit persönlichen Werten

**Ziele beruhen immer auf Werten**

Kurz: Persönliche Ziele beruhen auf persönlichen Werten. Wenn Sie sich – beruflich oder privat – Ziele setzen, die nicht mit Ihren innersten Wertvorstellungen übereinstimmen, dann werden Sie nur schwer die Kraft aufbringen, sie zu erreichen. Oder Sie werden sie erreichen und dann womöglich nicht glücklich über den Erfolg sein. „Mögen all deine Wünsche wahr werden" ist deshalb ein alter chinesischer Fluch. Denn was Menschen sich wünschen und was sie wirklich erreichen sollten, um ihrem inneren Weg zu folgen und in Übereinstimmung mit ihren inneren Einstellungen und Werten zu leben, ist häufig ganz unterschiedlich – das haben wir im Zusammenhang mit dem Prinzip der authentischen und kohärenten Führung schon erfahren.

Erfolg heißt: die richtigen Ziele erreichen. Die richtigen Ziele sind die, die mit Ihren persönlichen Werten in Übereinstimmung stehen.

## Ziele mit dem Team erreichen: Zielvereinbarungen

**Zielvereinbarungen schaffen Klarheit**

Das ist die eine Seite des Themas „Ziele". Klarheit bei den Zielen bedeutet aber auch, die Mitarbeiter zielorientiert zu führen. Peter F. Drucker hat schon in den 1970er-Jahren das Führen mit Zielvereinbarungen eingeführt. Während seitdem immer neue Managementsysteme und -philosophien diskutiert wurden – mit einigen beschäftigen wir uns auch kurz in Kapitel 7 –, hat sich die Überzeugung Druckers weiter durchgesetzt und ist bis heute branchenübergreifend anerkannt.

### Erfolgsziele gemeinsam festlegen

Zielvereinbarungen helfen Ihnen und Ihrem Team, die Arbeit auf die Unternehmensstrategie auszurichten und sich auf das Wesentliche zu konzentrieren. Die Innovationskraft zu stärken, Erfolge systematisch zu kontrollieren und die Zusammenarbeit besser zu koordinieren. Und sie sind die Basis für bessere Arbeitsergebnisse. Denn nur wenn jeder weiß, was von ihm in welchem Zeitrahmen erwartet wird, kann er dieses Ziel auch erreichen.

**Ziele werden gemeinsam festgelegt**

Ein wichtiger Aspekt für diesen Erfolg ist dabei die Art und Weise, wie die Ziele festgelegt werden. Dies geschieht nicht durch Anordnung von oben nach unten, das heißt als klare Ansage, wer was bis wann zu erledigen hat, um das Unternehmensziel zu erreichen. Ziele richten sich vielmehr am Mitarbeiter und an den Unternehmensleitlinien aus. Und werden deshalb von Mitarbeitern und Vorgesetzten gemeinsam entwickelt und vereinbart. Damit wird sichergestellt, dass der Mitarbeiter die Ziele akzeptiert. Dass er hinter ihnen steht und bereit ist, sich persönlich für diese Ziele zu engagieren.

Durch das Gespräch und die Zielvereinbarung erhält er zudem eine klare Vorstellung davon, was von ihm erwartet wird. Und welche Möglichkeiten ihm zur Verfügung stehen, um dieses Ziel zu erreichen. Gleichzeitig profitiert er von mehr Eigenverantwortung und der Einbindung in Entscheidungsprozesse. Er kann die Richtung seiner beruflichen Weiterentwicklung mitbestimmen. Dies alles wirkt sich auf seine Motivation, seine Identifikation mit dem Unternehmen und den Produkten und damit auch auf seine Zufriedenheit aus.

**www.buhr-team.com/buch-fuehrungsprinzipien-downloads**

Natürlich gibt es auch Mitarbeiter, die diese Art der Führung ablehnen. Die Zielvereinbarungen mehr als skeptisch gegenüberstehen. Aus Angst, dass der Leistungsdruck zunimmt, sie überfordert werden oder eine zu hohe Verantwortung tragen müssen. Hinzu kommt die Angst vor dem Versagen – vor allem dann, wenn die Ziele an Boni gekoppelt sind, also auch finanzielle Einbußen bei Nichterreichen drohen.

### ▶ Reflexion: Zielvereinbarungen

Als Führungskraft profitieren Sie von einem Nebeneffekt: Ziele und Zielerreichung sind eine objektive Basis für die Beurteilung der erbrachten Mitarbeiterleistung. Zumindest dann, wenn sie konkret formuliert werden. Das klingt zunächst simpel. Viel zu oft scheitert es in der Praxis jedoch an oberflächlichen oder unpräzisen Zielen. „Mehr Umsatz" beispielsweise oder „Neukundengewinnung". So formuliert stiften die Ziele mehr Verwirrung als Orientierung. Wie viel Umsatz ist zu erreichen? In welchem Segment? In welcher Zeit? Mit Fokussierung auf welche Kundengruppen? – Wenn Sie diese Fragen nicht bereits bei der Zielformulierung beantworten, fehlt Ihnen später eine Grundlage zur fairen Mitarbeiterbeurteilung. Nur was man messen kann, kann man auch verbessern!

## Quantitative Ziele exakt kommunizieren

Heute sagen wir stets, dass Ziele SMART – also spezifisch, messbar, attraktiv, realistisch und terminiert – sein müssen; diese Formel kennen Sie sicher.

**Vertrieb ist mehr als Umsatz generieren**

Aber was ist messbar? Nehmen wir einmal das Beispiel Vertrieb, weil es jedes Unternehmen direkt betrifft: Was sind messbare Ziele im Vertrieb? Die Umsatzsteigerung? Die Anzahl der Verkäufe? Anzahl der Zusatzverkäufe pro Kunde? Der Ertrag? Die Zahl der neu gewonnenen Kunden? Fünfmal Ja. Und trotzdem: Ganz so einfach ist es nicht (mehr). Den Erfolg eines Vertriebsmitarbeiters ausschließlich an seinen Abschluss- und Umsatzzahlen abzulesen, ist fahrlässig. Denn dies bedeutet, dass viele Aufgaben im Vertrieb brachliegen würden, weil sie später bei der Beurteilung keine Rolle spielen.

### Hintergrundwissen: Quantitative Vertriebsziele

Klassische quantitative Vertriebsziele sind beispielsweise:

- Abschlusszahlen bzw. Verkaufsvolumen (Stückzahlen oder Geldwert)
- Erzielte Umsätze in einem definierten Zeitraum
- Deckungsbeitrag
- Anzahl der Kundenbesuche bzw. Kundenkontakte
- Up-/Cross-Selling Bestandskunden
- Gewonnene Neukunden absolut
- Reaktivierte Bestandskunden, Nullkunden, schlafende Kunden
- Manntage und Auslastung

Nicht zuletzt fließen seit einigen Jahren zunehmend qualitative Vertriebsziele in die Zielvereinbarung, aber auch in die spätere Mitarbeiterbewertung ein. Worin unterscheiden sich quantitative von qualitativen Vertriebszielen nun konkret? Und warum werden Letztere immer wichtiger?

**Klare Regeln für klare Ziele**

Die oben genannten Ziele haben eines gemeinsam: Sie lassen sich relativ einfach messen. Trotzdem reicht es hier nicht aus, eine Zahl wie beispielsweise „Umsatzsteigerung von 30 Prozent“ vorzugeben. Vielmehr müssen klare Regeln festgelegt werden. Es muss definiert werden, in welchem Produktsegment die Umsatzsteigerung erreicht werden soll. In welchem Zeitrahmen. Mit welchem Kundensegment. Welche Mittel stehen dem Vertriebsmitarbeiter dafür zur Verfügung? Wie weit darf er – um einen Abschluss zu erreichen – dem Kunden entgegenkommen? Welche Werte müssen beachtet werden?

**Erfolge sind messbar zu machen**

Diese Spielregeln sind nötig, um die Erfolge wirklich messen zu können – und zwar sowohl auf betriebswirtschaftlicher als auch auf unternehmenskultureller Ebene. Sonst droht die Gefahr, dass Vertriebsmitarbeiter kontinuierlich Rabatte oder Sonderkonditionen gewähren, um die abgesprochenen Verkaufszahlen oder Umsatzziele zu erreichen. Mit entsprechenden Folgen: Stimmen die Verkaufspreise nicht mit den benötigten Deckungsbeträgen überein, zahlt das Unternehmen drauf. Dies gefährdet langfristig das Unternehmen. Und dies, obwohl der Mitarbeiter seine Zielvorgaben erreicht hat.

Auch andere Maßnahmen wie beispielsweise Geschenke oder andere Mittel, die gegen die eigenen Compliance-Richtlinien verstoßen, schaden mehr, als sie nutzen. Denn sie widersprechen den Unternehmenswerten, der Unternehmenskultur. Dieser Widerspruch wird intern und extern nicht unbemerkt bleiben und dem Unternehmensimage langfristig schaden.

Stehen die Spielregeln jedoch fest, können Sie Ihre Mitarbeiter fair und objektiv an ihren Leistungen beurteilen. Feststellen, ob sie die zwischen ihnen vereinbarten Ziele auch wirklich erreicht haben oder ob sie knapp danebenlagen, eventuell nicht einmal von einer Annäherung die Rede sein kann. Und gemeinsam mit ihnen klären, weshalb es zu dieser überraschenden Abweichung gekommen ist, und Maßnahmen wie Weiterbildungen vereinbaren, um sie bei ihren Zielen für die nächsten Monate zu unterstützen.

## Qualitative Ziele messbar machen

**Wie misst man Qualität?**

Sehr viel schwerer wird es bei den qualitativen Vertriebszielen. Hier geht es nicht um nackte Zahlen. Im Mittelpunkt stehen vielmehr Aspekte, die dem gesamten Vertriebsteam, dem gesamten Unternehmen zugutekommen und die auf Wissenstransfer, auf den Teamspirit abzielen. Aber auch Aspekte, die sich erst langfristig in Erfolge ummünzen lassen, für das Vertriebsteam dennoch wichtig sind.

Die daraus entstehenden Aufgaben gehören zum Arbeitsalltag Ihrer Mitarbeiter. Sie sind die Grundlage für den Vertriebserfolg. Auch der beste Verkäufer muss zunächst einmal eingearbeitet werden. Dann braucht er Nutzenargumente, mit denen er seine Kunden überzeugen kann. Er benötigt eine Präsentation. Oder entsprechende Verkaufsmaterialien. Und vor allem muss das Ganze ständig trainiert und verbessert werden.

**Ein klarer Maßstab ist das A und O …**

Die Art der Erfüllung dieser Aufgaben mit in die Bewertung Ihrer Mitarbeiter einfließen zu lassen, ist also fair. Aber auch schwierig. Denn jeder von uns versteht zum Beispiel unter dem Ziel „Produktwissen verbessern" etwas anderes und gibt sich bei der Einarbeitung neuer Kollegen mehr oder weniger Mühe. Deshalb muss für jedes Ziel auch hier ein klarer Maßstab festgelegt werden. Wie viel Zeit wurde für die Einarbeitung aufgewendet? Wurden alle Fragen beantwortet? Stand der Vertriebsmitarbeiter dem neuen Kollegen auch nach dieser Phase für Fragen zur Verfügung? Und vor allem: Hat er wirklich das Wissen vermittelt bekommen, das er benötigt? Kennt er alle zur Verfügung stehenden Vertriebswege? Kann er das CRM-System bedienen?

**Hintergrundwissen: Qualitative Vertriebsziele**

Typische qualitative Vertriebsziele sind beispielsweise:

- Aus- und Weiterbildung der Vertriebsmitarbeiter wie der Besuch von Seminaren mit Erwerb von zusätzlichen Kompetenzen
- Einarbeitung neuer Vertriebsmitarbeiter
- Erstellen und Optimieren von Verkaufsunterlagen
- Entwicklung oder Überarbeitung von Präsentationen
- Entwicklung einer Nutzenargumentation für ein Produkt
- Entwicklung eines Telefonleitfadens für Inbound-Mitarbeiter
- Strategien zur Neukundengewinnung
- Erstellen einer Markt- und Wettbewerbsanalyse
- Wettbewerbsbeobachtung
- Einführung, Pflege oder Optimierung eines CRM-(Customer-Relationship-Management-)Systems
- Entwicklung von Maßnahmen, mit denen sich Bearbeitungszeiten verkürzen lassen
- Maßnahmen zur vereinfachten Bearbeitung von Reklamationen
- Entwicklung von imagesteigernden Maßnahmen

**... für eine gerechte Bewertung**

Diese Beispiele zeigen: Auch qualitative Vertriebsziele sind messbar. Sie sollten bei der Zielerreichung jedoch genauso wie die quantitativen Ziele ganz klaren Kriterien unterliegen. Das erfordert Disziplin – von Ihnen. Denn Sie müssen sich im Vorfeld darüber klar werden, was genau Sie von Ihrem Mitarbeiter erwarten. Welche Aspekte die von ihm zu lösende Aufgabe – qualitativ und quantitativ – berücksichtigen soll. Nur wenn Sie das auf den Punkt bringen, kann Ihr Mitarbeiter ein gutes Ergebnis liefern. Und Sie haben eine solide Grundlage, auf der Sie seine Erfolge bewerten können.

## Klarheit schaffende Zielformulierungen

Diese Aspekte gilt es im nächsten Schritt klar zu formulieren. Nachfolgend deshalb einige Beispiele für klare Zielformulierungen.

BEISPIEL

### *Zielformulierungen*

Je konkreter eine Zielformulierung ist, umso eindeutiger weiß Ihr Mitarbeiter, was Sie von ihm erwarten. Sie hingegen profitieren von einer objektiven Grundlage für die Bewertung der Mitarbeiterleistung.

*Gute Zielvorgaben sind beispielsweise:*

- *Ich erwarte von Ihnen, dass Sie bis zum 15.12. dieses Jahres Ihren Umsatz um 15 Prozent erhöhen. Dazu stehen Ihnen folgende Mittel zur Verfügung ...*
- *Wir haben im letzten Jahr in der Branche Automotive einen Umsatzrückgang hinnehmen müssen. Ich möchte deshalb, dass Sie bis zum 15.12. dieses Jahres drei Neukunden aus dieser Branche gewinnen. Diese sollten einen jährlichen Umsatz von xy Millionen machen sowie mindestens xy Mitarbeiter beschäftigen. Potenzielle Kunden finden Sie unter anderem in unserem CRM-System ...*
- *Unser Wettbewerber Höhselschnöh hat im vergangenen Jahr den Abstand zu uns verringert. Wir müssen deshalb unser Profil besser herausarbeiten. Ich erwarte von Ihnen, dass Sie sich die bestehende Produktpräsentation ansehen und sie überarbeiten. Bitte achten Sie vor allem darauf, dass unser*

*USP deutlich wird, Sie die folgenden Zielgruppen berücksichtigen ... und dass die Präsentation unserem Corporate Design entspricht. Schön wäre zudem, wenn Sie folgende Aspekte berücksichtigen ...*

- *Wir werden unser Team in diesem Jahr aufstocken und neue Vertriebsmitarbeiter einstellen. Für die Einarbeitung habe ich Sie und Herrn Hinz-Kunz vorgesehen. Bitte stellen Sie sicher, dass die neuen Kollegen innerhalb von vier Wochen unsere Produkte und Vertriebswege kennenlernen, mit dem CRM-System umgehen können, die wichtigsten Ansprechpartner in den Abteilungen kennen und erste kleine Vertriebsaufgaben eigenständig gelöst haben. Gerne können Sie mir einen Zwischenbericht geben – beispielsweise wenn sich die neuen Kollegen unerwartet schwertun. Dann können wir gemeinsam überlegen, wie wir damit umgehen.*

Ob die neuen Mitarbeiter sich das gewünschte Wissen mithilfe der Kollegen angeeignet haben, lässt sich durch einen entsprechenden Test überprüfen. Werden Ihre Erwartungen nicht erfüllt, gilt es in diesem Fall genauer hinzuschauen: Wie viel Mühe hat sich der Mitarbeiter bei der Einarbeitung der neuen Kollegen gegeben? Wo hat es gehakt? Haben ihm die neuen Mitarbeiter überhaupt die Chance gegeben, Wissen zu vermitteln? Hätte er sich melden sollen oder gar müssen? Gerade wenn es um zwischenmenschliche Aspekte geht, sind Achtsamkeit und Umsicht bei den Bewertungen gefragt.

BEISPIEL

### *Ziele auf kleine Einheiten runterbrechen*

*In vielen Unternehmen finden Jahresgespräche statt, in denen der Mitarbeiter Feedback bekommt und seine Jahresziele festgelegt werden. Das Problem: Im Alltag rutscht das Ziel nach hinten und ist nicht präsent. Brechen Sie die Ziele deshalb herunter. Erwarten Sie von Ihrem Mitarbeiter beispielsweise nicht 24.000 Euro mehr Umsatz im Jahr, sondern jeden Monat*

*2.000 Euro mehr Umsatz. Helfen Sie ihm dabei, herauszufinden, an welcher Schraube er drehen muss, um dieses Monatsziel zu erreichen – bei sich selbst, seinen Prozessen oder auch seinen Argumentationen in den Verkaufsgesprächen.*

**Maximal fünf Ziele**

Gute Führungskräfte achten darauf, dass Mitarbeiter nicht mehr als fünf Ziele haben, die sie gleichzeitig verfolgen. Mehr ist unrealistisch. Und natürlich dürfen diese Ziele nicht im Widerspruch zueinander stehen, sondern es muss absolute Klarheit über den Bereich herrschen. Beispielsweise:

1. Wirtschaftliche Ziele wie definierte Umsatzsteigerung oder Branchenerschließung
2. Ziele aus dem Bereich Kundenpflege oder Serviceverbesserung
3. Ziele aus dem Bereich Zusammenarbeit wie schnellere Prozesse oder bessere Schnittstellen
4. Team-Orientierungsziele wie Einarbeitung eines neuen Mitarbeiters
5. Eigenes Profilierungsziel des Mitarbeiters, das ihn anspornt und mit dessen Erreichung er sich mit seinen Werten präsentieren kann

# 4 Das vierte Führungsprinzip: Trainiere dein Entscheider-Gen

| | |
|---|---|
| ► **Wofür brauchen Sie dieses Prinzip?** | Entscheidungen brauchen Mut, da sie sich immer erst retrospektiv als richtig oder falsch erweisen und wir sie stets auf Basis unzureichender Fakten treffen müssen. Wer sein Entscheider-Gen aber trainiert, der nutzt die fünf dahinterstehenden Faktoren. |
| ► **Was macht dieses Prinzip aus, welche Führungskompetenzen stehen im Fokus?** | Entscheidungsfreude, Risikobereitschaft, Risikomanagement, Initiative, Pragmatismus, Verantwortungsbereitschaft |
| ► **Wie können Sie diese Kompetenzen stärken?** | Sie beschäftigen sich mit „Macher-Aussagen" und üben die 5-Faktoren-Analyse. |

**Entscheidung braucht Mut**

Entscheidungen erfordern Mut, da möglicherweise negative Konsequenzen drohen. Doch nur so können Sie das Glück herausragender Führung erreichen: Glück ist eine Überwindungsprämie für Sorgen und für Ungewissheit. Erfolg ist eine Überwindungsprämie für hoffentlich richtige Entscheidungen. Warum sage ich: hoffentlich? Weil wir im Vorhinein eben nie wissen können, ob sich eine Entscheidung als richtig herausstellen wird.

Das vierte Führungsprinzip entspricht dem 4. Prinzip der ©lean leadership: Glück und Erfolg sind Überwindungsprämien für Mut.

## Entscheidungen scheiden die Geister

**Entscheidung bedeutet auch Trennung**

Trotz aller Faktenprüfung, trotz aller Pro-und-Kontra-Listen, trotz der Intuition, trotz des Bauchgefühls: Ent-Scheidungen brauchen immer Mut. Sich zu ent-scheiden heißt ja immer auch, sich von etwas zu trennen. Ob getroffene Entscheidungen richtig waren, stellt sich erst im Nachhinein heraus. Oft müssen hier auf einer unzureichenden Wissensbasis Schlüsse gezogen und Risiken abgewogen werden. Der österreichische Satiriker und Dramatiker Karl Kraus hat diesen inhärenten Konflikt wunderbar zusammengefasst: „Der Schwache zweifelt vor der Entscheidung, der Starke hernach." Der Unterschied ist eben: Der Starke entscheidet.

**Macher oder Opfer?**

An dieser Stelle scheiden sich die Geister: in die eher aktiven Gestalter und in die tendenziell passiven „Opfer". Eine starke Führungskraft hat die richtigen Motive für richtige Entscheidungen – und diese gründen auf ihrem Verantwortungsbewusstsein für das Wohlergehen vieler. „Warum passiert das immer mir?", „Wieso hat XY mehr Glück bei Z?", „Wann geht mein Leben endlich richtig los?", „Wieso bin ich bei der Beförderung übersehen worden?", „Warum läuft es bei anderen immer besser als bei mir?" – man mag es mir verzeihen: Das sind schwache Fragen. Das sind typische Opfer-Fragen. Man argumentiert nicht, kämpft nicht, zürnt nicht. Da versteht sich jemand als ausgeliefert, nicht als Herr seiner Entscheidungen. Er entscheidet nicht, über ihn wird entschieden.

Daher gehört zum Entscheidungsmut auch immer die Initiative: Wer die Initiative ergreift, der führt. Immer. Ob es die Menschen sind, die ihm in der Entscheidung folgen. Oder ob er „bloß" sein eigenes Leben führt. Nur wer die Initiative ergreift, ist ein Macher.

### Übung: Macher-Aussagen

Mut ist entscheidend! Lassen Sie keine Opfer-Aussagen bei sich zu – machen Sie Macher-Aussagen daraus. Das schaffen Sie immer mit folgenden drei Schritten:

1. Machen Sie sich klar, welche Fragen zu einer Situation oder Entscheidung unausgesprochen in Ihnen „herumschwirren". Notieren Sie diese.
2. Schauen Sie sich die Opfer-Fragen darunter an, zum Beispiel: „Wie soll das denn gehen, das ist nicht zu schaffen!", „Warum passiert das immer mir?", „Warum soll ich das denn jetzt machen müssen?", „So kann das nicht funktionieren", „Wie soll ich das nur jemals schaffen? Unmöglich!".
3. Drehen Sie die Opfer-Fragen in Macher-Fragen um, zum Beispiel: „Was brauche ich, um mein Ziel zu erreichen?", „Es ist, wie es ist – was mache ich jetzt konkret daraus?", „Wer kann mir dabei helfen?".

Mit diesen Macher-Fragen bringen Sie sich sofort in einen konstruktiven, energiereichen Zustand.

## Fünf Faktoren als Basis jeder Entscheidung

**Fünf Entscheidungshilfen**

Für eine gelungene Entscheidung, die bei der Erreichung der gesetzten Ziele weiterhilft, bedarf es fünf Faktoren, auf die sich der Entscheider stützen kann. Diese fünf Faktoren lauten:

1. Kenntnis
2. Erfahrung
3. Intuition
4. Verantwortung
5. Pragmatismus

## Kenntnis

**Management by Helikopter**

Entscheiderkraft ohne gründliche Kenntnis und gründliches Verständnis der Faktenlage ist ebenso nutzlos wie ein PS-starker Motor ohne Karosserie und Räder. Sie bringt Energie in ein System, das damit nichts anfangen kann. Natürlich gibt es (leider) Führungskräfte, die genau das „auszeichnet". Das ist das oft erlebte „Management by Helikopter", auch als „Management by aufgerissener Tür" bezeichnet: Tür fliegt auf, Chef fliegt rein, hat keinen rechten Überblick über die Sachlage, entscheidet, verschwindet, Mitarbeiter beginnt mit der Umsetzung, zwei Tage später fliegt die Tür wieder auf, Chef fliegt rein, Entscheidung wird revidiert. Chef hebt ab und alle Blätter flattern im heißen Wind, den er aufgewirbelt hat ...

**Gute Filter sind Entscheidungshilfen**

Nun, selbstverständlich gehört zur Grundlage jeder Entscheidung das Herausfiltern zielführender Informationen. Das Problem des Managers, der Führungskraft, ist im Allgemeinen ja nicht ein Zuwenig an Information, sondern ein Zuwenig an guten Filtern. Professionelle Entscheidungsvorlagen enthalten daher immer Profile mit den wesentlichen, für eine Entscheidung relevanten Fakten und Zahlen der aktuellen Lage sowie Informationen, die sich mit den Zukunftsauswirkungen der unterschiedlichen Entscheidungsoptionen beschäftigen. Sie zeichnen Szenarien auf. Das ermöglicht Führungskräften auch mit wenig Zeit und auf den ersten Blick ein Verständnis der Faktenlage.

## Erfahrung

**Wir sind gelernte Topentscheider**

An dieser Stelle kommt die Erfahrung ins Spiel. Auf dem Weg zur Führungskraft (aber auch als Privatmann) hat jeder schon Millionen von kleinen und großen Entscheidungen getroffen. Wie bei jedem Verhalten entwickelt sich auch hier eine Könnerschaft mit der Zahl der Wiederholungen. Experten wie zum Beispiel Malcolm Gladwell gehen heute davon aus, dass jemand 10.000 Übungsstunden investieren muss, um zu wahrer Meisterschaft zu gelangen.* So gesehen, sind wir alle geborene und gewachsene Topentscheider! Denn zu jeder Stunde treffen wir viele kleine Entscheidungen, die auch in unser Erfahrungsrepertoire übergehen. Doch natürlich müssen wir uns diese Erfahrung auch bewusst machen, um sie für neue (große) Entscheidungen nutzen zu können. Auf der konkreten Ebene heißt es also: Bei jeder großen Entscheidung müssen wir auch bewusst bisherige Entscheidungsergebnisse aufrufen und in die Gesamtkalkulation mit einbeziehen.

## Intuition

**Erfahrung verdichtet sich zu Intuition**

Dieser Aspekt hat aber noch eine tiefere Dimension: die Intuition. Erfahrung besteht aus gesammelten Lehren, die Sie aus der Vergangenheit ziehen und die Ihnen zeigen, was Sie aus Ihren bisherigen Entscheidungen respektive Entscheidungsmustern gelernt haben. Sie verdichten sich zur Intuition, das heißt einem Handeln ohne bewussten Einsatz des Verstandes.

Um richtige Entscheidungen zu treffen, müssen wir uns also zum einen unseren unbewussten Erfahrungsschatz bewusst machen, um Analogien herstellen zu können – und müssen uns zum anderen von (schädlichen) Entscheidungsmustern, die die Erfahrung geformt hat, verabschieden. Wer immer das Gleiche tut, wird auch nur das Gleiche erhalten. Es ist also wichtig, dass wir hier auch Introspektion leisten und sehen, welche Entscheidungen unsere Verhaltens- und Entscheidungsmuster bisher produziert haben – und ob es dabei störende oder schädliche Muster gibt, die wir auflösen sollten.

* Vgl. zum Beispiel: www.karrierebibel.de/10000-stunden-regel/ (dok. Jan. 2016)

## Verantwortung und Pragmatismus

**Wann weiß man genug für eine Entscheidung?**

Die Bedeutung des Faktors Verantwortung liegt auf der Hand: Selbstverständlich bedenken wir als Führungskräfte die Tragweite unserer Entscheidungen nicht nur hinsichtlich des möglichen zu erzielenden Ergebnisses, sondern auch hinsichtlich des Maßes an Auswirkungen, die sie für uns und andere haben. Es gibt keine Entscheidungsgewalt ohne persönliche und gesellschaftliche Verantwortung. Ich behaupte sogar: Entscheidungen lassen sich delegieren – Verantwortung nicht.

**Paralyse durch Analyse**

Sie bleibt bei Ihnen, wenn Sie führen wollen. Jede Entscheidung für jemanden oder etwas ist gleichzeitig auch immer eine Entscheidung gegen jemanden oder etwas. Verantwortung heißt also auch, Wirkungen einer Handlung wie beim Schach über mehrere Züge hinaus zu antizipieren und die Vor- und Nachteile auf gewinnorientierter wie ethischer Seite zu bedenken und abzuwägen. Die beim Thema Nachhaltigkeit bereits früher diskutierten Aspekte ins Gleichgewicht zu bringen: ökonomische, ökologische und soziale. Bleibt noch der Faktor Pragmatismus. Laut Lexikon heißt pragmatisch handeln: „dem Nutzen dienend". Wenn die Risiken und die Szenarien betrachtet und der Nutzen erkannt ist – muss man springen. Das Wort „Pragmatismus" leitet sich nicht umsonst vom griechischen Wort „pragma" für Handlung ab. „Paralyse durch Analyse" – man kann auch zu lange nachdenken und abwägen und zögern. Macher aber machen. Und zwar mit Hand und Fuß und Mut!

## Übung: 5-Faktoren-Analyse

Wenn es Ihnen schwerfällt, eine Entscheidung zu treffen, analysieren Sie die Optionen nach den fünf Faktoren:

www.buhr-team.com/buch-fuehrungsprinzipien-downloads

1. Kenntnis:
Welche Informationen liegen mir vor? Sammeln Sie sie in Pro-und-Kontra-Listen.

2. Erfahrung:
Wie habe ich in ähnlichen Situationen entschieden? Auf welcher Basis? Mit welchem Ergebnis? Was habe ich daraus gelernt?

3. Intuition:
Wie ist mein Bauchgefühl dazu? Was sagt mein „innerer Minister"? (Greifen Sie gegebenenfalls dazu noch einmal auf die Übungen aus Kapitel 1 zurück.)

4. Verantwortung:
Welche Auswirkungen wird diese Entscheidung für wen haben? Was kann im besten, was im schlechtesten Fall passieren?

5. Pragmatismus:
Wenn ich entscheiden will oder muss, gehe ich pragmatisch vor auf Basis des am schnellsten / einfachsten Machbaren. Ich nutze die Ergebnisse der vorigen vier Analyseschritte und mache es. Nicht zu entscheiden, ist auch eine Entscheidung. Und eine sichere Entscheidung gibt es nie.

Dies ist ein sehr effektives Werkzeug, wenn Sie vor einer wichtigen Entscheidung zögern. Sie werden sofort zu Ergebnissen gelangen und sind sicher, alle Aspekte in Ihre Entscheidung einbezogen zu haben!

# 5 Das fünfte Führungsprinzip: Stelle den Menschen ins Zentrum deines Handelns

| | |
|---|---|
| ▶ **Wofür brauchen Sie dieses Prinzip?** | Wer das Richtige tut und den Menschen, sei es Mitarbeiter, Bewerber oder Kunde, in den Mittelpunkt seines Schaffens stellt, dem folgt der immaterielle wie materielle Erfolg. |
| ▶ **Was macht dieses Prinzip aus, welche Führungskompetenzen stehen im Fokus?** | Menschenbild entwickeln, menschenzentriert und stärkenorientiert führen, Talente fördern, Recruiting |
| ▶ **Wie können Sie diese Kompetenzen stärken?** | Sie lernen die sieben Wege des Recruitings 3.0 kennen und fokussieren darauf, die Menschen für Ihr Unternehmen zu finden, die von der Einstellung und den Werten her passen. |

Das fünfte Führungsprinzip entspricht dem 5. Prinzip der ©lean leadership: Der Mensch steht im Zentrum des Führungshandelns.

Es gibt eine Reihe von Eigenschaften, die große Führungspersönlichkeiten auszeichnen. Eine der grundlegendsten: Sie akzeptieren und respektieren Menschen als individuelle, einmalige und einzigartige Persönlichkeiten in ihrem So-Sein, in ihrer Individualität und mit hohem Wert aus sich selbst heraus. Wesentlich. Der Wert liegt im Wert des Wesens und erst in zweiter Linie in der Wertschöpfung. Denn ganz einfach: Wo Wertschätzung ist, kann Wertschöpfung entstehen. Und Wertschätzung gelingt demjenigen besser, der die Stärken des Mitarbeiters erkennt. Es ist eine konkrete Auslegung des Grundsatzes: Wer das Richtige tut – Sie erinnern sich, das Richtige beruht immer auf ethischen Werten –, dem folgt der materielle wie immaterielle Erfolg nach.

## Mitarbeiter sind Ziel, nicht Werkzeug des Führungshandelns

**Mitarbeiter nicht auf ihre Funktion reduzieren**

Hervorragende Führungspersönlichkeiten sehen andere – ihre Kollegen, Zulieferer, Mitarbeiter oder Kunden – nicht nur oder nicht in erster Linie als Träger einer Funktion oder einer auszuübenden Tätigkeit. Führen heißt, dafür zu sorgen, dass Mitarbeiter aufrechter nach Hause gehen – so formuliert es der Benediktinermönch und Management-Autor Anselm Grün.* ©lean leader sehen zuallererst den Menschen im Mitarbeiter. Der Mensch, die Talente und Stärken von Menschen sind der Fokus des Handelns der Führungspersönlichkeiten.

▶ **Reflexion:** Menschenbild

Diese Anregung betrifft Ihr Menschenbild und dasjenige, das in der Kultur Ihres Unternehmens gelebt wird.

Formulieren Sie, was Ihr Menschenbild ausmacht. Woran glauben Sie in der Zusammenarbeit und dem Zusammenleben mit anderen Menschen – und zwar zutiefst im Inneren, wo Sie auch Ihre Vorurteile „verstecken"? Klingt einfach, ist aber eine Herausforderung.

* Vgl. zum Beispiel: www.wko.at/Content.Node/iv/DiWi45_46.pdf (dok. Jan. 2016)

Beschreiben Sie nun, wie Sie das in der Kultur Ihres Unternehmens empfinden. Welches Menschenbild wird dort gelebt?

________________________________________

________________________________________

Ihr Lohn: Solche Klarheit hilft Ihnen, authentisch und kongruent zu sein.

## Mitarbeiter zu freiwillig Folgenden machen

Man kann auch sagen: Hervorragende Führungskräfte betrachten Mitarbeiter nicht in erster Linie als Mittel zum Zweck. Sie sehen sie weniger als Werkzeug denn als Ziel der eigenen Arbeit. Ihr Grundsatz lautet:

„Ich will dem Mitarbeiter helfen, mehr zu tun als das, wozu er sich selbst imstande sieht." So werden Geführte zu freiwillig Folgenden.

**Natürliche Autorität bietet Sicherheit**

Und zwar nicht im Sinne von blinder Gefolgschaft, die aus autoritär erzieltem Gehorsam stammt, sondern im Sinne von freiwilliger Gefolgschaft, die auf zugewiesener Autorität (siehe dazu das 7. Führungsprinzip) beruht. Und das muss auch geschehen, denn Organisationen wie Unternehmen brauchen eben Regeln und Strukturen. Ihre Aufgabe ist die Konzentration auf und die Organisation von Interessen. Damit erfüllen Sie einen guten Zweck. Worin dieser liegt? In Effizienz, die in ökonomischen Erfolg mündet. Dieser erzeugt materielle und physische Sicherheit, gibt den Rahmen für das Gefühl von Sicherheit, auch Geborgenheit genannt. Das ist ein Urstreben der Menschen.

Es profitieren also beide Seiten bei Leader- und Followership. Die entscheidende Frage ist: Wie gut, wie moralisch herausragend, ökonomisch effizient und sozial verantwortungsbewusst ist die Führungspersönlichkeit, die an der Spitze dieser Organisation steht? Welches Menschenbild wird gelebt? Kurz: Steht der Mensch im Zentrum des Führungshandelns?

**Steht der Mensch wirklich im Mittelpunkt?**

Nun, wenn man Führungskräfte befragt, so könnte man meinen, dass wir diesbezüglich schon in goldenen Zeiten leben müssten. Immer wenn ich in meinen Vorträgen, Coachings und Seminaren nach dem Glaubenssatz „Der Mensch steht im Zentrum meines Führungshandelns“ frage, so ernte ich große Zustimmung. Tatsächlich glauben viele Führungskräfte, dass dies die richtige Einstellung sei. Die Realität aber sieht doch anders aus – und dies zeigt sich leider auch in vielen Fehlern, die in der Vergangenheit offenbar wurden und weiterhin werden: Produktion und Wachstumsdruck haben längst nicht mehr den Menschen im Mittelpunkt, sind über menschliches Maß hinausgewachsen und zum Selbstzweck mutiert. Die „Irrealisierung“ schneller Märkte und globaler Ströme wie nicht nur des Finanz- und Kreditgeschäftes hat die normalen Kategorien menschlichen Verständnisses verlassen. Die Bespitzelungs- und Ausforschungspraxis einiger Unternehmen, die in den letzten Jahren ruchbar wurde, richtet sich gegen den Menschen: Falsch verstandenes Führungshandeln betrachtet Mitarbeiter in diesem Zusammenhang nicht als Menschen, sondern in erster Linie als Unternehmensschmarotzer unter Generalverdacht. Als negativen Wertschöpfungsfaktor.

**Der Mensch als wandelnde Brieftasche**

Und das gilt auch für Kunden. Nicht nur erweist sich, dass auch die „Beute“ Kunde bis ins letzte Datum, bis zur letzten digitalen Information ausgeforscht wurde – und zwar ohne dass daraus Verbesserungen von Produkten, Services oder Angeboten abgeleitet wurden –, die Produktion verlor auch allzu oft das menschliche Maß des Kunden aus den Augen. Kunden, die nicht mehr verstehen, was sie kaufen sollen, die der neuesten Technologie, dem alles könnenden Handymikrowellenfernsehrasierer mit MP3-Musikplayerfunktion und integriertem Navigationsgerät heillos unterlegen sind, die dümmer scheinen als die smarten Finanzanlageprodukte, die sie kaufen sollen, denen immer schneller immer mehr immer Bunteres vom Gleichen angeboten wird – das sind Kunden, die nicht als Menschen betrachtet werden, sondern als Melkvieh mit umgehängter Telekommunikationseinheit. Als wandelnde Brieftasche mit der Lizenz zum Musikhören. Was hier fehlt, ist eine alte Tugend der ©lean leader: Es ist der Respekt.

## Die richtigen Mitarbeiter mit den richtigen Werten finden

**Hiring for attitude, training for skills**

Der Spruch stimmt: „Hiring for attitude, training for skills." Holen Sie die Menschen wegen ihrer guten Einstellung, ihrer ethischen Werte ins Unternehmen – Wissen und Hard Skills können Sie trainieren! Nun gibt es Anforderungen, Werte und Einstellungen, die kann man Menschen, die neu ins Unternehmen kommen, nicht beibiegen. Die haben sie oder sie haben sie nicht. Die verstehen sie oder sie verstehen sie nicht. Beispielsweise den Respekt, wie oben geschrieben. Wenn sie diese Werte und Einstellungen aber wenigstens im Grundsatz mit Ihnen und der Unternehmenskultur teilen, kann man sie weiterentwickeln. Dafür fragen Sie sich als Führungskraft natürlich zuerst: WIE finde ich denn solche potenziell passenden Mitarbeiter – und WO finde ich sie? Hier die Antworten.

### Einfaches Anforderungsprofil umfasst auch gewünschte Werte

**Mitarbeiter oder neuer Freund?**

Das WIE heißt: Vor dem Start der Mitarbeitersuche steht das Anforderungsprofil. Welche Aufgaben soll Ihr künftiger Mitarbeiter erfüllen? Welche Kenntnisse mitbringen? Wie soll er sich weiterentwickeln – persönlich? Im Team? Im Unternehmen?

Welche Anforderungen kommen morgen, kommen übermorgen auf ihn zu? Welche Charaktereigenschaften sollte er mitbringen, um seine Aufgaben gut zu erfüllen? Entwerfen Sie Ihren Traummitarbeiter mit allen Details. Aber bleiben Sie realistisch. Prüfen Sie, ob die Anforderungen wirklich dem Aufgabengebiet, den zu betreuenden Kunden entsprechen. Oder ob Sie sich insgeheim einen Mitarbeiter wünschen, mit dem Sie sich gut verstehen – sodass andere Aspekte in den Hintergrund rücken.

BEISPIEL

***Erstellung eines Anforderungsprofils***

- *Welche Sach- und Führungsaufgaben sollen erfüllt werden?*
- *Welche (Fach-)Kenntnisse sind dafür erforderlich?*
- *Welche Fähigkeiten werden benötigt?*
- *Was ist darüber hinaus wünschenswert? Welche Werte sind wichtig?*

*Gehen wir diesen Fragen einmal am Beispiel Vertrieb nach, da dort erfahrungsgemäß sehr viele Mitarbeiter gesucht werden (und die Fluktuation eher hoch ist). Zunächst geht es um die Arbeitsaufgabe als solche sowie um die Arbeitsbedingungen: Wird ein Einzelkämpfer gesucht? Oder ein Teamplayer? Jemand mit hoher Kompetenz, Bestandskunden zu betreuen und zu entwickeln (Upselling)? Oder der „Typ Jäger", der neue Kunden akquiriert? Der telefoniert oder im persönlichen Gespräch berät? Welche Kunden wird er betreuen?*

*Aus den Antworten auf diese Fragen ergeben sich die Detailfragen zu den Kenntnissen:*
*Braucht er beispielsweise spezielles Fachwissen über die eigenen Produkte hinaus? Sind Branchenkenntnisse zum Beispiel aus dem Bereich Pharma, Textil, Automotive, Finanzdienstleistung oder Einzelhandel wichtig? Und wenn ja: Wie fundiert müssen sie sein? Sind Sprachkenntnisse gefragt? Oder Kenntnisse über den englischen, französischen, chinesischen ... Markt? Interkulturelle Kompetenz? Formulieren Sie diese Anforderungen so,*

*dass sie für die zu besetzende Position optimal erfüllt werden können. Achten Sie dabei darauf, dass die Soll-Anforderungen relevant und vollständig sind.*

*Anschließend nehmen Sie eine Gewichtung vor: Was muss der Kandidat unbedingt mitbringen? Was sind Kann-Anforderungen, die Sie sich wünschen, die aber nicht unabdingbar sind?*

*Geht es um die persönlichen Fähigkeiten, helfen folgende Fragen bei der Gewichtung:*

1. *Was braucht der Bewerber unbedingt, um die Aufgabe zu bewältigen?*
2. *Wie groß wird die Hürde, wenn er über bestimmte Eigenschaften nicht verfügt?*
3. *Könnte er sich diese aneignen?*

Das WO heißt: Welche Wege kann ich im Recruiting 3.0 gehen, um mit erhöhter Wahrscheinlichkeit Mitarbeiter zu finden, die zu uns, zum Unternehmen, zu den Werten passen?

## Die 7 Wege des Recruitings

**Tipps für Recruiting**

Gute Erfahrungen habe ich und haben auch meine Kunden mit einem Mix aus den folgenden sieben Wegen gemacht, die ich hier nur kurz anreißen kann (mehr in meinem Buch „Führung im Vertrieb"):

1. Das eigene Team: Empfehlungen
2. Internet: Onlinestellenbörsen
3. Social Media
4. Employer-Branding
5. Kunden als Multiplikatoren und Quellen
6. Interne und externe Direktansprache, Events, Mittler, Headhunter
7. Sonstige ... und Zufälle

## 1. Empfehlungen – belastbare Brücken nutzen

**Mitarbeiter als Tippgeber**

Suchen Sie Ihren künftigen Mitarbeiter mithilfe derer, die gute Leute kennen – Ihr Team. Niemand weiß besser, wer seinen Job besonders gut macht. Wer für seine Aufgabe, seine Produkte brennt. Und wer gerade auf der Suche ist oder aber bereit wäre, für ein entsprechendes Angebot den Arbeitgeber zu wechseln.

Damit die Vermittlung erfolgreich ist, muss Ihr Team wissen, wen Sie suchen. Teilen Sie ihnen mit, welche Stellen besetzt werden sollen. Was Ihre Traumkandidatin oder Ihren Traumkandidaten auszeichnet, welche Einstellungen und Kenntnisse sie oder er mitbringen sollte – vielleicht ist unter den Exkollegen, den Exkommilitonen oder im persönlichen Netzwerk jemand dabei, der passen könnte.

**Mitarbeitertipps sollten honoriert werden**

Persönliche Empfehlungen haben einen besonderen Charme: Niemand wird Ihnen ein faules Ei unterjubeln wollen – schließlich läuft der Tippgeber Gefahr, dass er später mit demjenigen arbeitet oder dass ein schlechter Tipp auf ihn selbst zurückfällt. Zudem sind persönliche Empfehlungen belastbare Brücken: Sie treffen bei dem potenziellen Kandidaten auf ein ganz anderes Gehör, wenn Sie auf die Empfehlung hinweisen. Der Kandidat fühlt sich geschmeichelt und wird die Tür nicht schließen, ohne Ihnen zumindest zuzuhören. Mit der Suche über persönliche Empfehlungen sparen Sie Zeit und Geld. Revanchieren Sie sich bei dem Tippgeber. Bieten Sie ihm eine Prämie an, deren Höhe abhängig vom Einkommen des künftigen Mitarbeiters ist. Bieten Sie kleinere Prämien für den Kontakt selbst an. Erhöhen Sie bei Vertragsabschluss, und bieten Sie einen zusätzlichen Bonus an, wenn der Mitarbeiter nach der Probezeit im Unternehmen bleibt. Sagen Sie von Anfang an klar, wann welche Prämie gezahlt wird – so schaffen Sie Transparenz.

## 2. Onlinestellenbörse statt Tageszeitung

**Zukünftige Mitarbeiter warten im Web**

Was früher die klassische Stellenanzeige in Tages- und Fachzeitungen war, ist heute das Gesuch in Onlinestellenbörsen. Sie sind preiswerter und haben eine höhere Reichweite als Printmedien – allein das spricht für sie. Neben den bekannten großen gibt es zahlreiche kleinere, regionale oder branchenspezifische Angebote. Natürlich bieten Sie dem Bewerber in den heutigen 3.0er-Zeiten auch die Möglichkeit der Onlinebewerbung oder der Bewerbung per E-Mail an. Sie können in den Onlinebörsen aktiv nach Mitarbeitern suchen. Wer sich als potenzieller Bewerber registriert, kann Angaben zu seiner Qualifikation, seinem Werdegang und seinen Wünschen abspeichern – und für Unternehmen freigeben. Damit müssen Sie nicht mehr darauf warten, wer sich bei Ihnen bewirbt – Sie können selbst aktiv ansprechen. Die neueren Onlinebörsen gleichen übrigens sofort die Einstellungen und Werte der Kandidaten und Unternehmen ab – das ist für Sie ein wichtiger und praktischer Vorteil.

## 3. Karrierenetzwerk Social Media

**Direktansprache über Social Media**

Ein Nachteil der Onlinestellenbörsen: Hier hinterlegen nur diejenigen ihr Profil, die aktiv auf der Suche sind. Oder aber zumindest sehr fest vorhaben, in den kommenden Monaten ihren Job zu wechseln. Was aber ist mit denen, die toll in ihrem Job sind, aber nicht aktiv suchen? Die vielleicht offen für Angebote sind, aber keine Veranlassung haben, sich auf dem Markt umzuschauen? Auch diese Kandidaten sind für Sie nicht unerreichbar. So können Sie passende Kandidaten direkt auf offene Vakanzen ansprechen – auch wenn sie (noch) für Ihren Wettbewerber arbeiten. Selbst wenn der Angesprochene ablehnt, haben Sie zumindest auf Ihr Unternehmen als potenziellen Arbeitgeber aufmerksam gemacht. Und wer weiß – in zwei, drei Monaten sieht die Situation vielleicht für ihn ganz anders aus. Und er meldet sich bei Ihnen.

Social Media eignen sich natürlich auch, um Ihr Unternehmen und die Karrieremöglichkeiten darin vorzustellen. Achten Sie bei der Ansprache über die Social Media darauf, wie Sie mit dem potenziellen Mitarbeiter in Kontakt treten. Sprechen Sie ihn auf seinem persönlichen Account an, kann dies als Stalking empfunden werden. Anders sieht es aus, wenn Ihr Unternehmen eine Karriere-Site auf Facebook hat und die Ansprache darüber erfolgt. Ein erster Schritt hier kann es sein, sich einfach mit Kommentaren zu beteiligen und dann eher en passant und später einen Gesprächswunsch zu äußern.

**Lassen Sie sich auf Facebook finden**

### 4. Employer-Branding – Identifikation ist ein starkes Motiv

**Arbeitgeber mit Ausstrahlung**

Audi, BMW, Porsche, Google, Apple – nicht nur tolle Namen. Nicht nur tolle Marken. Sondern laut trendence Graduate Barometer 2015* ständig auf den vorderen Rängen der beliebtesten Arbeitgeber bei den Studenten der Wirtschaftswissenschaften. Wir wissen, für welche Werte sie stehen. Welches Lebensgefühl sie uns vermitteln. Und wie Menschen, die sich mit diesen Marken und ihren Produkten umgeben, von Freunden, Verwandten, Kollegen und Kunden wahrgenommen werden. Die positive Ausstrahlung der Marken macht diese Unternehmen zu attraktiven, zu begehrten Arbeitgebern. Dabei wird diese Sogwirkung auf potenzielle Mitarbeiter nicht nur durch den Glamour der Produkte als solches ausgelöst, sondern auch durch das Image, das ein Unternehmen hat – als Arbeitgeber, in seiner Rolle als „verantwortungsvoller Bürger", durch seinen Umgang mit Dienstleistern, Zulieferern, Nachbarn und Behörden. Seinen Beitrag zum Umweltschutz und sein soziales Engagement. Faktoren, die in der Unternehmensstrategie, der Unternehmensphilosophie verankert sein müssen. Die aber auch in jedem Geschäftsbereich, in jeder Abteilung und von jedem Mitarbeiter verkörpert werden sollten.

* www.trendence.com/unternehmen/rankings/germany.html (dok. Jan. 2016)

**Ausstrahlung fußt auf gelebten Wertvorstellungen**

Employer-Branding ist kein Geschenk, sondern harte Arbeit. Es ist – so die Definition der Deutschen Employer Branding Akademie – die identitätsbasierte, intern wie extern wirksame Entwicklung und Positionierung eines Unternehmens als glaubwürdiger und attraktiver Arbeitgeber – als „Employer of Choice".* Dabei spielen bei der Ansprache bestehender und potenzieller Mitarbeiter Faktoren wie berufliche Perspektiven, fachliche Anforderungen, Sicherheit und Bezahlung sowie die Vereinbarkeit von Freizeit, Familie und Beruf die entscheidenden Rollen. Aber auch das Image Ihres Unternehmens – bei Kunden, Lieferanten und Mitarbeitern. Ebenso natürlich wie die Werte, die es vermittelt. Denn eines ist klar: Den Markenkern machen immer Werte aus! Und Werte sind – wie bereits ausgeführt – die eigentliche Identifikationsfläche!

Warum ist das so? Wir alle wollen uns mit dem, was wir tun, identifizieren. Anders gesagt: Kein Bürokrat würde sich bei IKEA bewerben. Und niemand, der Spaß an Visionen und Experimenten hat, würde freiwillig als Steuerberater anheuern.

**Macher oder Denker?**

Employer-Branding zeigt den Menschen auf subtile Weise an, welche Mitarbeiter passen. Welches Verhalten gewünscht ist. Welche Kompetenz benötigt wird. An welche Markenattribute auch die Mitarbeiter glauben, welche sie verkörpern sollen. Ob Zahlenmenschen ins Team passen oder Visionäre. Macher oder Denker. So wird die Personalbeschaffung effizienter, die Gefahr von Fehlbesetzungen wird ebenso wie die Kosten der Personalbeschaffung reduziert. Auf lange Sicht wird so sogar der Unternehmenswert erhöht.

* www.employerbranding.org/employerbranding.php (dok. Jan. 2016)

BEISPIEL

### *Seien Sie unverwechselbar – die Arbeitgebermarke*

*Um Ihre Traumkandidaten überzeugen zu können, müssen Sie als Arbeitgeber attraktiv sein. Sich von Wettbewerbern durch Einzigartigkeit abheben. Es muss etwas Besonderes sein, für Sie arbeiten zu können – und dies nicht nur am Anfang, sondern auch nach fünf, zehn oder mehr Jahren.*

*Bauen Sie dazu Ihre Arbeitgebermarke gezielt auf – mit Unterstützung der Personal- und Marketingabteilung. Definieren Sie Ihre Arbeitgebermarke. Diese Fragestellungen helfen Ihnen dabei:*

1. *Wie möchten Sie sich als Arbeitgeber positionieren? Was ist Ihre Employer-Value-Proposition? Ihr Werte- und Wert-Versprechen?*
2. *Welche Alleinstellungsmerkmale sprechen für Sie als Arbeitgeber?*
3. *Wie können Sie das beweisen? Welche Argumente, Zitate belegen diese Aussage?*

*Daraus abgeleitet können entsprechende Maßnahmen entwickelt werden, mit denen potenzielle Bewerber angesprochen werden. Dazu zählen die Karriereseite des Unternehmens, Präsenz in den Social Media, auf Messen u. v. m.*

Jeder Bewerber wird das Bild, das er vom Unternehmen als Arbeitgeber hat, noch während des Bewerbungsprozesses automatisch mit seinen Erfahrungen abgleichen. Hier kommt Ihnen als Führungskraft eine besondere Vorbildfunktion zu: Sie müssen die Werte der Unternehmensphilosophie, die Aussagen der Arbeitgebermarke mit Leben füllen. Bleiben Sie dabei authentisch. Konzentrieren Sie sich auf die Werte und Botschaften, hinter denen Sie stehen.

### 5. Kunden und Lieferanten als aktive Empfehler

**Kunden suchen für Sie**

Das erklärt sich von selbst, wird aber in der Praxis viel zu wenig genutzt! Kunden(-unternehmen) und auch Lieferanten teilen oft den Markt respektive die Branche und auch die Wertewelt Ihres Unternehmens. Sie empfehlen gerne Kandidatinnen und Kandidaten, die sich beworben hatten, sich umorientieren wollen oder den Kunden aus anderen Zusammenhängen bekannt sind. Fragen Sie sie ruhig direkt: Wem in Ihrem Umfeld würden Sie eine Zusammenarbeit mit mir ermöglichen? Wer würde sich dafür am besten eignen?

### 6. Interne und externe Direktansprache

**Sie suchen höchstpersönlich**

Sind Sie ein guter Beobachter? Dann sind Sie bestens dazu geeignet, Kandidaten direkt anzusprechen – und zwar immer dann, wenn Sie einen interessanten Menschen kennenlernen. Ja, dies kann auch im eigenen Unternehmen sein: wenn Sie Ihr Augenmerk darauf legen, die zweite und dritte Reihe in der Firma aufzubauen, solide und zukunftsgerichtete Nachwuchsförderung und Talentmanagement zu betreiben. Hier braucht es die Fähigkeit, Menschen intern direkt anzusprechen und auf sich und auf Projekte zu fokussieren. Die externe Direktansprache kann im Restaurant oder bei Freunden ebenso stattfinden wie bei geschäftlichen Kontakten, auf Messen oder in den Social Media. Als Führungskraft 3.0 sind Sie quasi nie ganz privat, sondern immer auf der Suche nach möglichen passenden Mitarbeitern mit den richtigen Werten und Einstellungen.

**Erst beobachten, dann ansprechen**

Damit die Direktansprache gelingt, sollten Sie Ihr Gegenüber beobachten. Welche Argumente können diesen Menschen überzeugen, welche Motive hat er? Achten Sie bereits bei Gesprächsbeginn auf einen positiven Ansatz. Hilfreich sind Formulierungen wie:

„Sie sind mir aufgefallen ...“
„Bei Ihren Fähigkeiten könnte ich mir sehr gut vorstellen ...“
„So sympathisch, so qualifiziert, wie Sie sind ...“
„Wenn es für Sie eine Möglichkeit gäbe, Ihre Fähigkeiten und mein Wissen zu kombinieren und gemeinsam mehr daraus zu machen – wie interessant wäre das für Sie?“

Sprechen Sie die Motive Ihres Gegenübers aktiv an – die finanzielle Entwicklung oder auch Karrieremöglichkeiten. Aber bleiben Sie klar und verlässlich – nicht gehaltene Versprechungen rächen sich später.

### 7. Karriere-Lounges, Events und Zufälle

**Potenzielle Mitarbeiter live erleben**

Potenzielle Kandidaten persönlich kennenlernen und mit ihnen ungezwungen ins Gespräch kommen – dies ist der Ansatz von Karriere-Lounges und Speed-Dating-Bewerber-Events. Potenzielle Bewerber und Unternehmen treffen sich dabei in lockerer Atmosphäre und tauschen sich aus. Damit verfolgen die Veranstalter einen ähnlichen Ansatz wie die zahlreichen Karrieremessen, bei denen die Atmosphäre jedoch sehr viel offizieller ist. Wenn Sie solche Events nutzen, haben Sie einen Vorteil: Die Fachkompetenzen sehen Sie vielleicht nur auf dem Papier, aber die Kandidaten mit ihren Wünschen und Werten können Sie sofort „erspüren“.

## Der Mensch steht im Mittelpunkt

**Was man glaubt, sollte man auch leben**

Daran zu glauben, dass der Mensch in seiner Wesenheit im Zentrum allen Führungshandelns stehen muss, reicht also nicht. Man muss, woran man glaubt, auch leben! Und die Mitarbeiter suchen, die dazu passen. Nur wenn Sie als Führungskraft Ihr Handeln konsequent an diesem unterstützenden Menschenbild ausrichten und die Stärken des Mitarbeiters auch einzusetzen wissen, können Sie Vorbild für Ihre Mitarbeiter und Mitmenschen sein! Denn so können Sie Menschen – Mitarbeitern – helfen, eine Lebenslinie zu finden, das zu tun, wozu sie am besten in der Lage sind, befindet der Biopsychologe Peter Walschburger von der Freien Universität Berlin in FAZjob.net.

### Übung: **Stärkenanalyse Vorbildcharakter**

Wir haben schon in den früheren Kapiteln Reflexionen und Übungen eingeschoben, um unsere eigenen Stärken als Führungspersönlichkeit mit Vorbildcharakter zu überprüfen und zu entwickeln. Mit dieser Übung hier möchte ich die Achtsamkeit noch einmal auf dieses Stärkenprofil richten, denn es ist für die meisten von uns nicht einfach, immer wieder in die Introspektion zu gehen und zu hinterfragen, was wir gut und besser machen können, um für andere ein noch besseres Vorbild abzugeben – denn das hat viele Facetten. Finden Sie für sich gute Antworten auf die folgenden 20 Fragen:

1. Was tue ich?
2. Wofür werde ich bezahlt?
3. Was macht mir Spaß?
4. Wofür „brenne" ich ...?
5. Womit habe ich Erfolg?
6. Was kann ich besser als andere?
7. Worin bin ich die Nummer eins?
8. Wofür werde ich von anderen gelobt?
9. Wofür lobe ich mich selbst?
10. Was schätzen andere an mir?
11. Was schätze ich an mir?
12. Was haben diese Punkte (Antworten) mit meiner Arbeit zu tun?
13. Welche Tätigkeit oder Tätigkeiten liebe ich wirklich?
14. Bei dem Gedanken an was fühle ich mich besonders lebendig?
15. Welche Besonderheiten und mich auszeichnenden Eigenschaften liebe ich und machen mich stolz?

16. Welchen ganz besonderen Nutzen will ich stiften?
17. Welche besondere Qualität möchte ich gern in die Welt bringen?
18. Für welche Art von Kunden will ich wirklich arbeiten?
19. In welcher Weise will ich mit Leidenschaft der Menschheit dienen?
20. Für welche Werte empfinde ich wirklich Leidenschaft?

**Keine Vorbilder im eigenen Unternehmen?**

Fast 80 Prozent der in der Accenture-Studie „Frauen und Vorbilder" befragten rund 250 beruflich erfolgreichen Frauen und Männer haben in ihrem Leben ein Vorbild. Die wenigsten finden es – leider – in der Berufswelt, an ihrem Arbeitsplatz, unter ihren Vorgesetzten! Die am meisten gewünschten Charaktereigenschaften Sozialkompetenz, Kommunikationskompetenz und vorbildliche Lebensführung und -einstellung fanden sie weder in der Politik noch in der Wirtschaft.

Zu ganz ähnlichen Ergebnissen kommt auch Peter Walschburger: Werte wie Charme, Intelligenz, Problemlösungs- und Kommunikationskompetenz, Rücksichtnahme und ethisches Handeln seien entscheidende Forderungen an Führungskräfte, die Vorbild sein wollen. Doch „Wirtschaftslenkern werden diese Eigenschaften offenbar kaum noch zugesprochen", resümiert er in FAZjob.net.

## Hervorragend führen mit Sinn

**Führungskräfte suchen neue Wege**

Ich bin bestimmt nicht der Einzige, den solche unethischen Zustände in der Wirtschaft stören! Stört Sie das nicht auch? Damit sind wir nicht allein: Laut einer aktuellen Studie der Nextpractice GmbH für die Initiative Neue Qualität der Arbeit (INQA) sind fast 80 Prozent der befragten Führungskräfte mit Führung, mit Führungsarbeit, mit dem eigenen Anspruch und den eigenen Möglichkeiten schlicht unzufrieden!

Ein Missstand, ja! Aber einer, der aufrüttelt und dazu führt, dass in den Unternehmen nachgedacht wird: Wie kann man etwas daran ändern? Dazu kommen wir noch einmal auf das Thema Werte zurück.

**Integrität schafft Autorität**

Vertrauen, Verantwortung oder Integrität – was ist im Management vermutlich der wichtigste Wert? Die meisten werden auf Verantwortung und Vertrauen tippen. Und bisher war dies auch zutreffend: Vertrauen bzw. Vertrauenswürdigkeit wurde in vielen Führungskräftebefragungen als der wichtigste ethische Wert bezeichnet – und er gehört auch aktuell immer noch zu den Top 3. Aber – das zeigt die aktuelle Führungskräftebefragung der Wertekommission* und des Reinhard-Mohn-Instituts der Universität Witten / Herdecke – für die meisten Führungskräfte ist inzwischen ein anderer Wert an oberste Stelle gerückt: die Integrität, das heißt leben nach persönlichen Überzeugungen und Wertvorstellungen. Diese Haltung schlägt sich unmittelbar im Anspruch an das eigene Führungsverhalten nieder und führt zwangsläufig zur „Führung 3.0“. Eine Führungskultur im Einklang mit sich selbst, aber auch mit den zu Führenden: den Menschen, die einem im Idealfall gern Autorität zusprechen. Die Erlaubnis erteilen, ihnen voranzugehen.

**Arbeit als sinnvoll erleben**

Kein Geheimnis, dass diese Art der werteorientierten ©lean leadership in Zeiten der Generation Y – ganz zu schweigen von der Generation Z, die gerade noch die Schulbank drückt – das funktionierende Führungsmodell ist. Zwei Generationen, die nicht mehr unter dem Primat des Befehls, sondern dem Paradigma von Auswahl und Freiwilligkeit, von Attraktivität und Attraktion, von (Wahl-)Freiheit aufgewachsen ist. Die sich für das entscheidet, was sie selbst als wertvoll, überzeugend oder sinnvoll bewertet. Diese jungen Menschen drängen mit ihren neuen Kompetenzen, Vorstellungen und Forderungen in die Unternehmen. Sie wollen Leistung bringen und Verantwortung übernehmen.

* www.wertekommission.de/events/fuehrungskraeftebefragung-2015/ (dok. Jan. 2016)

Vielleicht nicht alle, aber viele. Es kommt ihnen vor allem darauf an, einen Sinn in ihrer Arbeit zu finden. Sie wollen Teil einer Aufgabe, einer großen Sache sein. Dabei ist ihnen ein wertschätzender Umgang sehr wichtig. Das Gleiche gilt für Transparenz in der Führung, Klarheit und Ehrlichkeit.

**Werte zu leben erfordert Position zu beziehen**

Die Konsequenz, die daraus zu ziehen ist, die Forderung, die daraus entsteht, klingt einfach. Und doch ist sie schwierig. Unternehmen und Führungskräfte müssen sich in Zukunft noch mehr Mühe geben, Wertebewusstsein, Offenheit und Kommunikation mit guten Ergebnissen, Wirtschaftlichkeit und Ertragsmaximierung zu verbinden. Zuallererst aber müssen sie die Werte im Unternehmen verankern – und zwar indem die Führungskräfte das verkörpern, was sie von ihren Mitarbeitern erwarten. „Walk your talk“, so lautet das Motto, das es für sie zu verinnerlichen gilt. Das klingt banal, ist aber sehr anspruchsvoll und für viele Manager mit Schwierigkeiten verbunden. Denn diese müssen sich klarmachen, für welche Werte sie selbst, ihre Abteilung und ihr Unternehmen stehen. Und sie müssen Position beziehen – gegenüber ihrem Unternehmen, ihren Mitarbeitern und sich selbst. Integrität leben.

**Einem Vorbild folgt man freiwillig**

Doch gelingt es Ihnen, steht dem Anspruch, ein Vorbild zu sein, nichts mehr im Weg: Als Führungskraft 3.0 mit Ihren besonderen Kompetenzen werden Sie (diese jungen) Menschen so führen, dass sie Sie als Vorbild anerkennen und Ihnen folgen! Nicht gedankenlos gehorchen! Nein, freiwillig und aus Überzeugung folgen, weil sie spüren, dass Sie sie ernst nehmen. Weil Sie ein menschen-, nicht funktionsorientiertes Menschenbild haben und dies auch authentisch und stimmig leben!

**Menschen orientieren sich immer am beweisenden Vorbild.**

# 6 Das sechste Führungsprinzip: Setze im Management das Richtige richtig um

| | |
|---|---|
| **Wofür brauchen Sie dieses Prinzip?** | Führung gibt Management das Richtige vor: Orientierung, Zielrichtung und einen Wirkungsrahmen; Management setzt das Richtige richtig um. |
| **Was macht dieses Prinzip aus, welche Führungskompetenzen stehen im Fokus?** | Pragmatisches Management, Umgang mit Komplexität, Vertrauen in Mitarbeiter |
| **Wie können Sie diese Kompetenzen stärken?** | Sie profitieren von Reflexionen zur Komplexitätsreduzierung sowie zum pragmatischen Management und einer Übung zur Priosierung. |

Natürlich ist es auch eine Ihrer Aufgaben als hervorragende Führungspersönlichkeit, Arbeitsabläufe und Prozesse zu managen und zu optimieren. Das ist Management – da geht es um das Organisieren, um Techniken, Dinge zu regeln, Vorgänge zu bearbeiten, zu delegieren, zu kontrollieren.

Das sechste Führungsprinzip entspricht dem 6. Prinzip der ©lean leadership: Gutes Management gehört zur guten Führung.

## Komplexität – Fluch und Segen

**Wachsende Komplexität im kreativen Zeitalter**

Das kreative Zeitalter, in dem sich die westlichen Industrienationen befinden, die digitalisierte Industrie 4.0, ist vor allem durch eine ständig weiterwachsende Fülle von Informationen, von neuen Bedeutungsmustern, von Überlagerungen, von immer grelleren Impulsen, von stetig wachsender Komplexität gekennzeichnet. Folgt man den Grundsätzen der Kybernetik, kann ein komplexes System nur durch entsprechend komplexe Maßnahmen gesteuert werden. Die häufig geforderte Reduktion von Komplexität greift daher zu kurz, wenn es die alleinige oder Hauptmaxime ist.

**Ideen zur Simplifizierung**

Allerdings können uns auch Ideen zur Simplifizierung wertvolle Überlegungen ermöglichen, was wir im Unternehmen einfacher machen können. Worauf wir verzichten oder was wir radikal zurückfahren werden. Die beiden Berater Dieter und Nils Brandes beispielsweise haben in „120 Mal einfach statt komplex" teils sehr radikale Vorschläge zusammengestellt, wie Komplexität im Unternehmen reduziert werden kann. Darunter findet sich beispielsweise das Abschaffen von Budgetierungen und das Aufstellen von Planzahlen – und gleich der Abbau der ganzen Controlling-Abteilung, das Streichen von Bonussystemen oder die radikale Verkleinerung des Angebotsportfolios (Brandes / Brandes, „Einfach machen"). Das klingt sicher holzschnittartig und zugespitzt – aber für uns ist es ein guter Ausgangspunkt für eine Reflexion.

**▶ Reflexion: Komplexität reduzieren**

Stellen Sie alle Ihre Abteilungen und Projekte einmal auf die Reduktionsprobe. Gehen Sie sie der Reihe nach durch:

1. Was würde passieren, wenn Abteilung XY (gehen Sie alle durch) einfach verschwunden wäre? Oder stark reduziert?

2. Was würde passieren, wenn Sie dieses Produkt A oder jene Dienstleistung B nicht mehr anbieten würden? Wie groß wäre der Verlust? Wie groß könnten dagegen die internen Einsparungen sein? Oder die Prozesse einfacher?
3. Was passiert, wenn Sie einfach sämtliche XY-Meetings auf Z-Ebene streichen würden? Oder ein Zeitlimit von 15 Minuten festlegen?
4. Stellen wir uns einmal vor, Projekt A–Z wäre einfach stillgelegt. Verlust oder Gewinn? Ziehen wir das Projekt A–Z vielleicht nur durch, weil es begonnen / alloziert / vergeben wurde?
5. Auf welche unserer Kunden oder Leistungen können wir nach der 90/10-Regel (siehe nächste Seite) verzichten? Stellen Sie auch liebgewonnene Kunden auf die Probe!

**Einfache Systeme stoßen an Grenzen**

Einfache Systeme sind einfacher zu durchschauen, Eingriffe erzeugen vielleicht (scheinbar!) weniger Wechselwirkungen, sie sind einfacher zu steuern. Aber einfache Systeme stoßen eben auch an Grenzen, können nur weiterwachsen, lernen, sich entwickeln, wenn sie sich weiter ausdifferenzieren. Kurz: wenn sie komplexer werden. In seinem frühen Buch „Zwischenstufe Leben" hat der Genetiker Carsten Bresch dargelegt, dass nur stetig komplexer werdende Systeme, die immer mehr Informationen integrieren und verarbeiten können, höhere Fähigkeiten (erwünschte Produkte) entwickeln können. Also ist es eine grundlegende Pflicht des Managements, Komplexität gerecht zu werden. Natürlich auch, indem einige Segmente, die hochautomatisierbar sind, ausgelagert werden in Untersysteme wie Softwaremodule, Datenbanken, regulierte (zertifizierte) Prozesse. Diese Dinge müssen richtig getan werden. Die visionäre Zieldefinition aber erst bestimmt, welche Dinge richtig getan werden müssen, um die Ziele zu erreichen.

Die Vision also bestimmt, was richtig ist, sie führt. Führung gibt Management demnach ein Bedeutungssystem. Alles andere ist bloßer Aktionismus.

### ► **Reflexion:** Pragmatisches Management

Unter „pragmatischem Management" verstehe ich die Fähigkeit, mit einem bestimmten Einsatz den je maximalen Wirkungsgrad zu erreichen. Dieses Prinzip ist als Paretoprinzip oder 80/20-Regel bekannt und besagt, dass mit 20 Prozent Ihres Zeitaufwandes 80 Prozent der Ergebnisse erzielt werden. Ich merke allerdings deutlich, dass die Tendenz momentan zu einem 90/10-Verhältnis geht: Mit 10 (bzw. bisher 20) Prozent Ihrer wichtigsten Kunden machen Sie 90 (bzw. bisher 80) Prozent Ihres Umsatzes. Mit 10 (bzw. bisher 20) Prozent Einsatz an Projekten mit dem größten Hebel erzielen Sie 90 (bzw. bisher 80) Prozent Verbesserung. Damit ist das Paretoprinzip eine der ersten und einfachsten Erfolgsregeln im Management, denn es steht gegen Überregulierung, Perfektionismus und Überdruss. Es besagt umgekehrt nämlich auch, dass Sie sehr große Ressourcen aufwenden müssen, damit die restlichen 10 oder 20 Prozent auch noch erreicht werden – die nicht mehr entscheidend sind! Also: Können Sie vernachlässigen. Abteilung: Papierkorb.

Im Zeitalter der totalen Erreichbarkeit verfügt der Manager im Schnitt nur noch über ein Drittel seiner Zeit selbstbestimmt, da ist höhere Effizienz Verpflichtung. Pragmatisches Management gibt Ihnen die Möglichkeit, sich auf die Dinge mit dem größten Hebel zu fokussieren und Ihre unternehmerischen Kräfte damit zu konzentrieren.

## Führung gibt Management einen Wirkungsrahmen

Management ist, etwas richtig zu tun; Führung ist, das Richtige zu tun! Wie schon ausgeführt: Führung 3.0 heißt für ©lean leader, immer komplexere Systeme in der Industrie 4.0 und in Zeiten von New Work auf Basis eines klaren Sets an zehn einfachen Prinzipien steuern zu können, um visionäre Ziele zu erreichen.

**Das Wesentliche hinter den Dingen**

Dazu ist es erforderlich, dass Sie vor allem eines können: das Wesen hinter den Dingen erfassen. Wesentliches auf einen Blick erkennen. Komplexität sehr schnell durchschauen und die gewonnenen Informationen zu höheren Entscheidungseinheiten aggregieren. Hier greifen wir das zweite Führungsprinzip wieder auf, nach dem die Dinge immer einfach und wesentlich sind – und Sie sie mit der Unterstützung Ihrer Intuition ganzheitlich erfassen und dann Entscheidungen treffen müssen. So schafft Führung einen Wirkungsrahmen für Management, der Leistung und Ergebnisse (vgl. das siebte Führungsprinzip) ermöglicht.

### Übung: **Priorisieren**

Sie kennen vielleicht schon das sogenannte Eisenhower-Prinzip*, wie es beispielsweise Stephen R. Covey, aber auch viele andere Managementtrainer als eine einfache Methodik lehren, Aufgaben nach Wichtigkeit und Dringlichkeit zu priorisieren und richtig damit umzugehen. Im Wesentlichen beruht es darauf, alle anstehenden Aufgaben jeweils einem von vier Quadranten zuzuordnen:

A: Wichtig und dringend:
Das erledigen Sie sofort selbst. (dok. Jan. 2016)

* Vgl. auch: https://de.wikipedia.org/wiki/Eisenhower-Prinzip (dok. Jan. 2016)

B: Wichtig, aber nicht dringend:
Das legen Sie sich auf eine terminierte Wiedervorlage und planen Sie die Erledigung durch Sie selbst ein.

C: Nicht wichtig, aber dringend:
Das delegieren Sie unmittelbar an einen kompetenten Mitarbeiter.

D: Nicht wichtig und nicht dringend:
Das delegieren Sie an den Papierkorb.

Die Übung, die ich hier anbieten möchte, dient der Effizienz des Managements in diesem Zusammenhang:

Sie stellen die anliegenden Aufgaben zusammen und teilen sie sofort, das heißt in maximal drei Minuten, in die Kategorie A, B, C oder D ein. Stellen Sie sich dabei vor, dass Sie mit der Zuteilung der Aufgaben eine Zeit-/Budgeteinsparung von 33 Prozent erreichen möchten.

Kernfragen:

- Worauf verzichten Sie zuerst?
- Und anschließend?
- Warum?

**Kennen Sie Ihre Spezialisten für Untersysteme?**

Die gute Nachricht ist: Sie haben nicht nur Ihre wesentlichen Kompetenzen, zu denen Ihre technischen Kenntnisse und Fertigkeiten sowie Ihre sozialen Fähigkeiten bis hin zu Ihrer Intuition zählen, um komplexe Systeme steuern zu lernen. Sie haben – wenn Sie es richtig machen – die besten Helfer an Ihrer Seite, Spezialisten für Untersysteme, die Sie unterstützen, die Führungsziele zu erreichen: Ihre Kolleginnen und Kollegen im Außendienst, Ihre Vertriebspartner im Marketingsystem. Betrachten Sie Ihr Team einmal unter dem Blickwinkel, dass Sie lauter Experten für Untersysteme vor sich haben. Dann spüren

Sie drei Dinge sofort: erstens, dass Ihnen jeder einzelne Mitarbeiter wichtig ist, wichtig sein muss. Zweitens, dass Sie nicht Menschen in Jobs zwängen können, in die sie nicht hineinpassen oder aus denen sie herausgewachsen sind. Drittens, dass es wichtig und richtig ist, die passenden Mitarbeiter an den richtigen Positionen zu beschäftigen. Und mit ihnen die richtigen Dinge zu entwickeln, damit zielgerecht und fristgemäß Ergebnisse erzielt werden können.

## Talente erkennen – Stärken stärken – Kompetenz übertragen

**Bieten Sie genug Raum zur Entfaltung!**

Eine herausragende Führungskraft stattet die Mitarbeiter mit den notwendigen Kompetenzen aus, um Ergebnisse und Leistung zu erzielen. Mithilfe ihrer sozialen und emotionalen Energien und Kompetenzen eröffnet sie den Menschen einen Raum, in dem diese eigenverantwortlich ihre Fähigkeiten entfalten. Wesentliche Aufgabe der Führungskraft ist es, Talente und Stärken zu erkennen, die Menschen nach ihren Stärken mit Aufgaben zu betrauen und Stärken zu stärken. Entwickeln heißt, das Potenzial in Menschen offenzulegen, das in ihnen verborgen ist. Das ist schwer genug! Und eine vornehme, wichtige und wesentliche Aufgabe, die jede Führungspersönlichkeit bei sich selbst ständig überprüfen muss. Sie dürfen da nicht müde werden! Und dann dürfen Sie als herausragende Führungskraft auch Vertrauen in die Selbststeuerungskräfte der Menschen haben.

Als herausragende Führungskraft 3.0 leisten Sie genau das mehr als andere. Sie haben Ihren Mitarbeitern mitgegeben, was sie brauchen, Sie selbst gehen Ihren Mitarbeitern voran und weisen Ihnen den Weg – den Weg gehen aber müssen (und werden) diese selbst. Manager und Leader: Für Sie sind dies nicht nur leere Worthülsen.

Die Führungsmaxime von Leadern zielt nicht nur auf die Optimierung von Managementprozessen ab. „Leadership" heißt, Mitarbeitern zum Erfolg zu verhelfen – zum Wohle aller.

Zur Zufriedenheit Ihrer Mitarbeiter, zu Ihrer eigenen Zufriedenheit – und zur Zufriedenheit des Unternehmens.

# 7 Das siebte Führungsprinzip: Führe mit Werten zu mehr Leistung und besseren Ergebnissen

| | |
|---|---|
| ▶ **Wofür brauchen Sie dieses Prinzip?** | Andere erfolgreich machen – das ist ein Hauptschlüssel für herausragende Führung, die zu quantifizierbaren und qualifizierbaren Ergebnissen führt. Mit Ihrer Führungskommunikation leiten Sie andere zu den besten Ergebnissen, zu denen sie fähig sind. |
| ▶ **Was macht dieses Prinzip aus, welche Führungskompetenzen stehen im Fokus?** | Autorität, Delegieren, Führungskommunikation, Führungsgespräche |
| ▶ **Wie können Sie diese Kompetenzen stärken?** | Sie lernen Führungsstile und Führungsmodelle kennen und reflektieren Ihren eigenen Führungsstil. Sie trainieren die „Big Five“ der Führungsgespräche. |

Das siebte Führungsprinzip entspricht dem 7. Prinzip der ©lean leadership: Leistung ermöglichen und Ergebnisse erzielen.

**Wer Autorität hat, dem folgen die Menschen**

Visionskraft, Authentizität, vorbildliches und in sich stimmiges Verhalten, Vertrauenswürdigkeit: Wer über diese Eigenschaften verfügt, der wird von den anderen Menschen als Autorität anerkannt. Und es gibt, Erich Fromm hat dies einleuchtend formuliert, einen wichtigen Unterschied zwischen „Autorität haben" und „eine Autorität sein".* Wer Autorität hat, dem ist sie per Dekret verliehen worden oder er hat sie sich angeeignet. Eine Führungskraft mit Autorität ist dies aufgrund ihrer Wesensmerkmale. Aufgrund dieser Merkmale haben ihr die Mitarbeiter sozusagen freiwillig die Vollmacht übertragen, sie zu führen: Dieser Mensch ist eine Autorität. Beispiele kennt die Historie einige. Nur eines davon zur Verdeutlichung: Zu nennen ist das Führungsverhalten des 2015 verstorbenen früheren Bundeskanzlers Helmut Schmidt bei den Verhandlungen von Kanzleramtsminister Hans-Jürgen Wischnewski im Rahmen der Befreiung der in Mogadischu von Terroristen festgehaltenen Lufthansa-Maschine „Landshut". Oder bereits früher, als Hamburger Polizeisenator, bei der Koordination der Rettungsmaßnahmen anlässlich der Sturmflut von 1962, die Hamburg mit ungeahnter Zerstörungswucht traf. Er war klar, entschieden, auch mutig angesichts von moralischen und ethischen Dilemmata, die neben den organisatorischen Problemen zu lösen waren. Und die Menschen folgten dieser Autorität.

## Andere erfolgreich machen – der Weg zu mehr Leistung

**Manager oder Leader?**

Manager und Leader – unterschiedliche Bezeichnungen, die wir oftmals für das scheinbar Gleiche nutzen: die Führung von Menschen. Doch es gibt unterschiedliche Bezeichnungen dafür, weil sie eben auch Unterschiedliches aussagen: Macher und Führen-

* Vgl. z. B. mit weiterführenden Hinweisen http://fromm-online.org/autoritaet/ (dok. Jan. 2016)

der. Hervorragende Führung heißt, Menschen zu entwickeln, andere erfolgreich zu machen. Denn nur erfolgreiche Mitarbeiter können Forschung und Entwicklung, Produktion, Marketing und Vertrieb, Verwaltung und Controlling eines Unternehmens erfolgreich machen.

Warum aber sind gerade Macher an dieser Stelle oft nicht erfolgreich genug, können Erfolg nicht skalierbar machen? Weil sie nicht delegieren können! Weil sie sich für unersetzlich halten und nach dem Motto agieren: „Mach ich's lieber selbst, dann ist es gemacht."

Das ist meistens ein Selbstbetrug, und zwar ein dreifacher!

Erstens gibt es wirklich sehr wenige Universalgenies – und das gilt auch für die Geschäftswelt.

Zweitens verzetteln diese Menschen ihre unbestreitbare Kraft auf zu vielen Baustellen bei der Arbeit im Unternehmen, statt sie der wesentlichen Arbeit am Unternehmen zu widmen.

Und drittens ist der Erfolg so nicht skalierbar. Wer stets den Engpassfaktor im Prozess darstellt, weil er überall den Finger draufhalten will, macht letztlich alle Prozesse langsamer und ineffektiver – und schuftet sich zu Tode! Da nutzt es auch nichts, Erfolgsziele, wie wir sie schon diskutiert haben, festzulegen.

**Ohne Ziele kein Erfolg**

Die Lösung heißt ganz klar: Die Rahmenbedingungen für Leistung und Ergebnisse zu schaffen, macht Erfolg – auch Umsatzerfolg – erst skalierbar. Erfolg will immer auch organisiert sein! Und dafür müssen die erwarteten Ergebnisse festgelegt, mit den Mitarbeitern durchgesprochen und eindeutig und verbindlich kommuniziert werden. Genau daran scheitert es aber oft! Entweder werden Ziele, das heißt erwartete Ergebnisse, nicht richtig quantitativ wie qualitativ festgelegt oder aber sie werden so kommuniziert, dass sie den Mitarbeiter nicht ansprechen.

## Der richtige Führungsstil, um Ergebnisse zu erzielen

**Mitarbeitergerechte Führung ...**

Um Ihre Mitarbeiter zu Bestleistungen zu motivieren, müssen sie geführt werden. Von Ihnen als ihrem Trainer und Coach. Ihrem Vorbild. Wie Mitarbeiter am besten geführt werden, hängt von unterschiedlichen Faktoren ab – unter anderem von Ihrer Persönlichkeit. Und den unterschiedlichen Persönlichkeitstypen, die es zu führen gilt.

**... mithilfe von Führungsmodellen**

Führungsmodelle geben dabei Orientierung. Sie unterstützen die Selbstreflexion der Führungskraft ebenso wie das systemische Denken. Im Folgenden werden deshalb stellvertretend drei Führungsmodelle (zu den Führungsstilen kommen wir danach) vorgestellt – es ist für eine wahre Führungspersönlichkeit immer wieder gut, sich damit vertraut zu machen, um die Reflexion über das eigene Führungsverhalten voranzubringen.

**Die Situation bestimmt den richtigen Führungsstil**

Viele führen ihre Mitarbeiter mithilfe eines einzigen Führungsstils, den sie sich angewöhnt haben und von dem sie glauben, es sei der einzig richtige. Führungskräfte 3.0 hingegen führen stets situations- und personenbezogen: Sie wählen den situativen Führungsstil. Sie müssen also ein ganzes Set an Führungsstilen beherrschen, um Mitarbeiter in ihrem So-Sein zu erreichen. Wer alle gleich behandelt, ist schließlich ungerecht! Entscheidend ist, dass Resultate erzielt werden, dass Ergebnisse zustande kommen. Strikte Ergebnisorientierung macht Führung wirksam im Sinne des Unternehmens. „Mitarbeiter fördern und Leistung fordern“ – fördern und fordern müssen in einem ausgewogenen Verhältnis zueinander stehen.

Wer seiner Mannschaft Sinn bietet, Vertrauen schenkt, Kompetenzen auf Mitarbeiterseite aufbaut, Anreize – auch ökonomische – schafft, darf auch fordern: Loyalität, Motivation, Einsatzbereitschaft.

www.buhr-team.com/de/akademie-fuehrung-vertrieb-management-schulungen-persoenlichkeits-tools

## Hintergrundwissen: Führungsmodelle

Harzburger Führungsmodell: 1956 entstanden, sollte das Harzburger Modell den autoritären Führungsstil ablösen. Im Mittelpunkt des Modells steht die Delegation von Verantwortung an die Mitarbeiter, um so Vorgesetzte von Routineaufgaben zu entlasten. Dieser Kerngedanke findet sich heute in zahlreichen anderen Führungsmodellen wieder.

Die Vorteile dieses Modells liegen unter anderem in den klaren Informationsbeziehungen, den transparenten Aufgaben- und Handlungsbereichen sowie in der Förderung der Selbstständigkeit der Mitarbeiter. Es handelt sich um ein geschlossenes Anweisungssystem, das leicht umsetzbar und damit breit anwendbar ist.

Gruppenkonzept von Rensis Likert (Linking-Pin-Modell): Dieses Modell wurde 1961 entwickelt und sieht vor, dass jeder Mitarbeiter in zwei Gruppen mitarbeitet: einmal als Teilnehmer, einmal als Moderator. Auf diesem Weg soll die Kommunikation im Unternehmen verbessert werden. Allerdings ist dieses Modell sehr personalintensiv. Dies macht es für viele Teams unattraktiv.

St. Gallener Führungsmodell: Dieses Modell geht auf Hans Ulrich, Gründer des St. Gallener Instituts für Wirtschaftslehre, und seine Schüler zurück. Entwickelt Anfang der 1970er-Jahre, wurde es bis 2002 immer wieder modifiziert. Es folgt dem systemorientierten Ansatz der betriebswirtschaftlichen Führungslehre. Dabei besteht es aus drei Teilmodellen:
Das normative Management oder Unternehmensmodell (1) umfasst die Bereiche Umwelt, Märkte, Funktionsbereiche, Gestaltungsebenen sowie die repetitiven und innovativen Aufgaben. Dabei sollen – ausgehend von der Unternehmensphilosophie – Zielvorstellungen formuliert und ent-

sprechende Maßnahmen definiert werden, mit denen diese Ziele erreicht werden können. Die Effizienz dieser Maßnahmen wird kontrolliert. Die Rede ist hier von strategischem Management (2). Das dritte Teilmodell ist das Führungsmodell (3). Dabei handelt es sich um eine mehrdimensionale Verknüpfung von verschiedenen Führungsstufen, -phasen und -funktionen. Das Modell stellt einen einheitlichen Begriffsapparat zur Verfügung und ist leicht implementierbar.

Führung 3.0 ist der wesentliche, entscheidende Faktor für vertriebsintelligentes Handeln, für mehr Umsatz, für bessere Ergebnisse! Für eine wertvolle unternehmerische Zukunft!

## Situativ führen – unterschiedliche Führungsstile

Bei den Führungsstilen gibt es gravierende Unterschiede. Beim bürokratischen Führungsstil zum Beispiel liegt die Macht in den Strukturen. Gesetze, Verwaltungsvorschriften und Rahmenbedingungen bestimmen den Arbeitsablauf. Vorgesetzte sind austauschbar und haben hinsichtlich der Abläufe keine Macht. Schwierig wird es, wenn – beispielsweise in Krisensituationen – schnelle Veränderungen notwendig sind.

**Kooperativer Führungsstil**

Beim kooperativen Führungsstil hingegen müssen Sie als Chef darauf achten, dass möglichst alle oder zumindest doch die meisten im Team an einem Strang ziehen, damit am Ende gute Ergebnisse erzielt werden. Und dies in einem angemessenen Zeitrahmen. Denn hier liegt die Gefahr des kooperativen Stils: Gerade bei neu gebildeten Teams kann die Konsensfindung Zeit in Anspruch nehmen. Dies gilt auch bei der Integration neuer Teammitglieder. Denn mit ihnen gerät die bestehende Teamordnung – kurzfristig – ins Schwanken. Rollen müssen neu definiert, Stärken neu betont werden.

## Hintergrundwissen: Führungsstile

Beim patriarchalischen Führungsstil wird die vorhandene Macht durch die Erfahrung und den Status des Vorgesetzten legitimiert. Die Identifikation mit dem Chef – und damit die Motivation – ist oft größer als beim Autokraten. Denn der Patriarch übernimmt meist eine väterliche Rolle, ist für seine Mitarbeiter da. Dasselbe gilt für das weibliche Pendant, die Matriarchin.

Hat der Chef dann noch Ausstrahlung, ist Leitfigur und Vorbild, spricht man vom charismatischen Führungsstil. Dieser Führungsstil kann sehr motivierend sein, vor allem in Krisensituationen.
Die vorgestellten Führungsstile gehen übrigens auf Max Weber zurück.

Eine weitere sehr bekannte Klassifizierung hat Kurt Lewin* entwickelt. Er unterscheidet zwischen dem heute seltenen autoritären Stil, dem kooperativen Stil und dem Laissez-faire-Stil. Letzterer verzichtet weitestgehend auf die Einmischung der Führungskraft. Die Mitarbeiter arbeiten eigenständig, gestalten ihr Arbeitsumfeld nach eigenen Vorstellungen. Als Führungskraft treten Sie in den Schatten. Der Umgang mit den Mitarbeitern ist unpersönlich, Ihre Aussagen sind schwammig. Dieser Stil eignet sich immer dann, wenn man Dinge laufen lassen möchte. Wenn Mitarbeiter ihre eigenen Erfahrungen sammeln sollen. Dies kann aufgrund des fehlenden Feedbacks jedoch auch schnell in Frust umschlagen. Deshalb ist dieser Stil nur für kurze Phasen empfehlenswert.

* https://de.wikipedia.org/wiki/F%C3%BChrungsstil#F.C3.BChrungsstile_nach_Kurt_Lewin (dok. Jan. 2016)

Beim kooperativen Stil arbeiten Führungskräfte und Mitarbeiter eng zusammen. Entwickeln gemeinsam Ideen und setzen sie gemeinsam um. Mitarbeiter übernehmen dabei einen Teil der Verantwortung. Eigeninitiative wird gefördert, Kreativität freigesetzt.

Damit entspricht der kooperative Führungsstil am ehesten den heutigen Werten: Menschen wollen ernst genommen werden, auf Augenhöhe beraten werden. Das gilt auch für Mitarbeiter. Wer von oben herab zurechtgewiesen wird, sucht sich schnell einen neuen Job.

**Autoritärer Führungsstil**

Dieses Risiko gehen Menschen mit autoritärem Stil nicht ein. Dafür besteht die Gefahr, des Öfteren Fehlentscheidungen zu treffen. Denn hier liegt die Entscheidungsgewalt nur bei einem – bei Ihnen als Führungskraft. Autoritäre Führungskräfte verstehen Informationen als Machtinstrument, stellen Leistungsorientierung in den Mittelpunkt, lassen keinen Raum für Eigeninitiative und nehmen Frustration bei den Mitarbeitern in Kauf. Dieser Stil kann sich in Not- und Krisensituationen bewähren. Bei Feuerwehrmännern also – auch im übertragenen Sinn.

**Situativer Führungsstil**

Ebenfalls etabliert hat sich der situative Führungsstil. Er basiert auf der Annahme, dass der einzelne Mitarbeiter nach seinem individuellen Reifegrad geführt werden muss. Der Reifegrad wiederum richtet sich nach dem Alter und der Erfahrung sowie der Dauer der Zugehörigkeit zum Unternehmen. So benötigen neue Mitarbeiter, die sich erst einarbeiten müssen, genaue Anweisungen (erste Phase). In der zweiten Phase erklären Sie Entscheidungen und übernehmen die Rolle des Lotsen, der über die richtige Route wacht. Diese Rolle wandelt sich in Phase 3 zu der des Beraters, der bereitsteht, Hilfe anbietet und Fragen beantwortet. Um dann schließlich nur noch als Koordinator aufzutreten.

Immer hilfreich: Menschen frühzeitig miteinbeziehen

Was ich in gut 30 Jahren Führungserfahrung gelernt habe: Es ist immer gut, die Menschen mitzunehmen, sie in Prozesse und Entscheidungen möglichst früh und transparent einzubeziehen. Das hilft, um ein Commitment zu erreichen. Das brauchen Sie. Ohne Zustimmung, ohne Identifikation, ohne Loyalität und Gefolgschaft gibt es keinen Führungsanspruch. Nicht für Sie. Für niemanden.

## Führungsinstrument Gespräch – die Big Five

Führungshandeln = Kommunikation

Etwas, das die wenigsten Führungskräfte wirklich beherrschen, ist das Festlegen, Kommunizieren und Nachhalten von Ergebnissen, also erwarteten Zielen ihrer Mitarbeiter. Dies ist aber eine Ihrer vornehmen Pflichten! Beherrschen Sie die entscheidenden fünf Mitarbeitergesprächsformen tatsächlich hervorragend? Sie wissen: Sie führen durch das beweisende Vorbild – und stets auch durch das Wort. Führungshandeln ist immer Kommunikation. Damit ist ein Gespräch das wichtigste Führungsinstrument, das Ihnen zur Verfügung steht!

Ehrlich gesagt fürchten sich die meisten Führungskräfte insgeheim genauso sehr davor wie die Mitarbeiter. Machen Sie es besser! Sie können sich trainieren oder coachen lassen bei den wichtigsten Gesprächen, den sogenannten Big Five, die Sie im Geschäftsleben führen:

www.buhr-team.com/buch-fuehrungsprinzipien-downloads

1. Rekrutierungsgespräch
2. Mitarbeitergespräch / Halbjahresgespräch / Jahresgespräch
3. Lob- / Anerkennungsgespräch
4. Kritikgespräch
5. Trennungsgespräch

Damit ein Mitarbeiter die in ihn gesteckten Erwartungen erfüllen kann, muss er wissen, was Sie konkret von ihm erwarten. Er braucht Ihr Feedback, um einschätzen zu können, ob Sie mit seinen Leistungen zufrieden sind. In welchen Momenten Sie mehr erwartet haben. Wo er etwas – für das Team, das Unternehmen oder auch für sich selbst – verbessern oder weiterentwickeln sollte oder könnte.

**Erwartungen müssen bekannt sein ...**

Die Herausforderung: Nicht jeder von uns kann mit Kritik, mit Erwartungshaltungen anderer umgehen. Mitarbeitergespräche erfordern deshalb Sensibilität und Übung im Umgang mit verschiedenen Persönlichkeiten. Aber auch Durchsetzungskraft und die Fähigkeit, (kritische) Gespräche zielsicher und ergebnisorientiert zu führen. Erwartungen klar zu formulieren. Kritik ebenso wie Lob und Anerkennung zu begründen.

**... und klar formuliert werden**

## Transparenz – gerade auch in der Führung

Mitarbeiter brauchen Orientierung, sie müssen wissen, was von ihnen erwartet wird – und woran die erbrachte Leistung gemessen wird. Dies erfordert Transparenz. Ein klares Führungsverhalten ohne Widersprüche. Nachvollziehbare Bewertungsgrundsätze statt Tageslaune. Wenn Mitarbeiter für gleiche Leistungen mal gelobt, mal kritisiert werden, verlieren Sie den Respekt. Und Ihr Team die Motivation.

**Transparenz schafft Klarheit**

Genau das passiert, wenn Sie unvorbereitet in Führungsgespräche gehen: Sie entscheiden aus dem Bauch heraus. Weil Ihnen Hintergrundinformationen nicht präsent sind. Sie sich nicht mehr im Detail erinnern, was Sie mit dem Mitarbeiter vereinbart hatten. Sich Ihre Erwartungshaltung im Laufe eines Projektes geändert hat – Sie dies aber nicht kommuniziert haben und nun nicht die gewünschten Umsatzzahlen vor sich haben. Es gibt zahlreiche Gründe dafür, weshalb ein Mitarbeitergespräch aus dem Ruder laufen kann. Und gute Wege, dies zu vermeiden! Wichtig ist dabei vor allem die Vorbereitung.

**Kein Führungsgespräch ohne Vorbereitung!**

Für Sie bedeutet das: Stehen in Ihrem Unternehmen, Ihrer Abteilung Änderungen an, die den Arbeitsplatz Ihrer Mitarbeiter betreffen, müssen diese rechtzeitig darüber informiert werden. Dies gilt auch, wenn sich Aufgaben ändern, Zuständigkeiten neu sortiert werden, der Standort verlagert wird oder Entlassungen anstehen.

**Eine gute Führungskraft führt auch im Gespräch**

Wie ein Gespräch verläuft, hängt vor allem von Ihnen ab: Als Führungskraft haben Sie die Fäden in der Hand. Sie leiten das Gespräch und sorgen dafür, dass es fair bleibt und sachlich geführt wird – auch wenn innerlich die Emotionen hochkochen. Dabei liegt die Tücke oft im Detail: Jeder von uns kennt Formulierungen oder Tonlagen, bei denen er sich angegriffen fühlt. Jeder von uns verspürt den Impuls, sich in solchen Momenten zu rechtfertigen. Beides ist kontraproduktiv – für Sie ebenso wie für Ihren Mitarbeiter und Ihr Team.

Eine der wichtigsten Vorbereitungen für Mitarbeitergespräche ist deshalb die Verinnerlichung einiger rhetorischer Regeln. Mit ihnen können Sie Missverständnisse vermeiden, Stimmungswechsel rechtzeitig bemerken und zielgerichtet durch das Gespräch führen.

## So bereiten Sie Ihre Mitarbeitergespräche richtig vor

**Führen Sie das Gespräch …**

Noch bevor ein Wort gesprochen wird, können Sie durch Ihre Vorbereitung das Gespräch und den Gesprächsverlauf entscheidend beeinflussen mithilfe dieser fünf Faktoren:

**… an einem guten Ort …**

1. **Wahl des Ortes:** Lassen Sie den Mitarbeiter in Ihr Büro kommen, ist die Sache klar. Das Gespräch bekommt einen offiziellen Anstrich. Findet das Gespräch im Büro des Mitarbeiters statt, sind Sie in „seinem Reich“. Für ihn ist das ein vertrauter, sicherer Boden. Das stärkt sein Selbstbewusstsein. Alternativ können Sie sich in einem Café oder Restaurant treffen. Auf neutralem Boden lassen sich viele komple-

xe Themen einfacher besprechen – auch weil Ihr Mitarbeiter „auf Augenhöhe“ mit Ihnen sprechen kann.

2. **Wahl der Uhrzeit:** Möchten Sie Ihrem Mitarbeiter Lob oder Anerkennung aussprechen? Dann sollten Sie Ihr Gespräch für den Vormittag anberaumen. Ihr Mitarbeiter wird die Motivation, die er durch das Gespräch erhält, in Energie umsetzen – bei der Arbeit, aber auch nach Feierabend. Anders sieht es bei ernsten Themen wie Kritik oder gar Kündigungen aus. Nehmen Sie sich für solche Gespräche abends Zeit. So vermeiden Sie, dass Ihr Mitarbeiter die Demotivation durch den Tag zieht – und möglicherweise intern Unruhe stiftet.

... zu einer günstigen Zeit ...

3. **Die Sitzposition:** Sie sollten auf eine 90°-Position achten. In diesem Winkel können Sie sehen, welche Notizen sich Ihr Mitarbeiter zu dem Gespräch macht. Auch sieht er so, was Sie selbst notieren. Und es hat sich einfach bewährt, in dieser Form zu reden. Erfolgreich sind Sie am Ende, wenn der Mitarbeiter im besprochenen Sinne handelt. Und dafür braucht es erfolgreiche Kommunikation. Die schaffen wir durch Rapport, und der wiederum entsteht auf diese Weise schnell und gut!

... in fairer Sitzposition ...

4. **Körpersprache:** Hier gilt es, die Körpersprache des anderen zu spiegeln. Damit entsteht unbewusst das Gefühl des gegenseitigen Verstehens. Das führt zu besserem Verstandenwerden. Der Prozess wird auch Pacing genannt. Wer die Initiative zur Veränderung übernimmt, der führt. Kommt es jetzt zu einem erneuten Pacing, so sind die Rollen im Gespräch klar. Achten Sie einmal darauf. Das spielt gerade in schwierigen Situationen eine enorme Rolle.

... mit freundlichen Gesten ...

5. **Positive Merkmale:** Nutzen Sie positive Merkmale wie Händedruck und Augenkontakt, finden Sie am Gesprächspartner positive Merkmale, an der Situation als solches etwas Positives, auch um Ihr Vertrauen auszudrücken. Bauen Sie so eine positive Gesprächsatmosphäre auf.

... und Respekt!

Diese Aspekte sollten Sie vor jedem Gespräch bedenken. Das unterstützt Sie dabei, sich im Vorfeld darüber klar zu werden, was Sie Ihrem Mitarbeiter wie und mit welchem Ziel sagen möchten. Halten Sie diese Aspekte in einer Gliederung fest. Beantworten Sie für sich die Fragen: Wie soll Ihr Gespräch im optimalen Fall verlaufen? Wie stellen Sie sicher, dass Sie Ihr Gesprächsziel erreichen? Und wie stellen Sie sicher, dass Sie das Gespräch führen? Dazu habe ich Ihnen ein paar Tipps zusammengestellt.

### ▶ Reflexion: Kommunikation in Mitarbeitergesprächen

1. Sprechen Sie Ihren Mitarbeiter aktiv an. Starten Sie durch Fragen einen Dialog.
2. Sprechen Sie selbstsicher und deutlich. Achten Sie darauf, nicht zu laut und nicht zu leise zu sein. Dies kann Ihnen als Aggressivität bzw. Schüchternheit ausgelegt werden.
3. Halten Sie Blickkontakt und wenden Sie sich Ihrem Gesprächspartner zu. Konzentrieren Sie sich auf ihn.
4. Wählen Sie eine einfache, klare Sprache. Vermeiden Sie gestelzte Sätze!
5. Verzichten Sie auf Konjunktive und Formulierungen wie „Ich sage mal …" und „Ich denke …". Formulieren Sie Ihre Ansichten klar und eindeutig: „Ich habe beobachtet …"
6. Argumentieren Sie ehrlich, sauber und mit Respekt gegenüber Ihrem Mitarbeiter. Ändern Sie Ihre Meinung nicht mitten im Gespräch.
7. Machen Sie deutlich, wann Sie von Fakten, wann von Vermutungen sprechen.
8. Vermeiden Sie persönliche Angriffe und Formulierungen, die als verletzend wahrgenommen werden können. „Die Aufgabe hat mehr Zeit in Anspruch genommen, als ich gedacht habe. Sehen Sie das auch so?" klingt ganz anders als: „Sie sind heute extrem lahm!"

9. Wählen Sie konstruktive Formulierungen. Richten Sie die Perspektive in die Zukunft. „Gut, dass wir nun wissen, warum die Ziele nicht erreicht wurden. Das gibt uns die Chance, die Rahmenbedingungen anders zu gestalten ..."
10. Arbeiten Sie mit Ich-Botschaften wie „Ich habe beobachtet ..." und „Ich freue mich ...".
11. Achten Sie auf Körpersprache und Gestik. Vermeiden Sie zu ausladende Handbewegungen, aggressive Gesten oder Zeichen der Langeweile und Ablehnung wie Augenrollen, Gähnen oder demonstratives Wegsehen.

Wenn Sie diese Tipps beherzigen, werden Sie die Gespräche – also Zielvereinbarungsgespräche, Mitarbeitergespräche, Lob- und Anerkennungsgespräche, Kritikgespräche sowie Trennungsgespräche – meistern. Welche Besonderheiten Sie bei den einzelnen Gesprächen zudem beachten sollten, erfahren Sie auf den kommenden Seiten.

## Zielvereinbarungsgespräche

**Gemeinsam Klarheit schaffen**

Zu den häufigsten Führungsgesprächen gehören Zielvereinbarungsgespräche – auch Jahres- oder Orientierungsgespräche genannt. Sie sind in vielen Unternehmen Standard und müssen in der Regel innerhalb einer bestimmten Frist stattgefunden haben. Inhaltlich geht es darum, die erbrachten Leistungen des Mitarbeiters gemeinsam zu betrachten und zu bewerten. Ansatzpunkte für Verbesserungspotenzial anzusprechen. Und natürlich die Erwartungen für das kommende Jahr zu formulieren. Ziele zu vereinbaren, die der Mitarbeiter erreichen soll. Und den Bonus oder das Incentive, das bei Erreichung der Ziele lockt, zu erwähnen.

Bei diesem Gespräch geht es jedoch keineswegs nur um die Unternehmensperspektive – es dient auch dazu, die Erwartungen und Ziele des Mitarbeiters zu erkunden. Gemeinsam die Ziele zu definieren. Unzufriedenheit herauszuhören, ihr nachzugehen und Lösungen zu suchen.

Damit dies erreicht werden kann, ist eine effiziente Vorbereitung der Gespräche nötig – durch Sie, aber auch durch Ihren Mitarbeiter. Achten Sie dabei auf die in nachfolgender Übung genannten Punkte.

## Übung: Einladung Zielvereinbarungsgespräch

Zielvereinbarungsgespräche sind, wie wir gesehen haben, sehr wesentlich, um mit Zielen führen zu können. Daher habe ich in der folgenden Übung die wichtigsten Aspekte zusammengestellt. Damit haben Sie auch eine Vorlage für Ihre künftigen Einladungen zu Zielvereinbarungsgesprächen.

- Laden Sie rechtzeitig zum Termin ein. Achten Sie darauf, dass Ihr Mitarbeiter genügend Zeit für die Vorbereitung hat.
- Listen Sie bereits in der Einladung die Themenschwerpunkte auf. Dies kann der Rückblick auf das vergangene Jahr sein, die wichtigsten Zielvereinbarungen etc.
- Nehmen Sie dafür die Protokolle der letzten Gespräche hinzu. Was wurde verabredet? Was wurde erreicht? Wo haben Sie Ankündigungen nicht eingehalten und warum? Sind beim letzten Gespräch Themen offengeblieben?
- Bitten Sie Ihren Mitarbeiter in der Einladung darum, die Agenda zu ergänzen und sie Ihnen rechtzeitig zurückzuschicken.
- Kommunizieren Sie, wie viel Zeit Sie für das Gespräch anberaumt haben. Bieten Sie an, diesen Zeitrahmen bei Bedarf zu erweitern – sofern Ihr Mitarbeiter Bedarf sieht und diesen rechtzeitig kommuniziert.

- Komplexe Themen benötigen eine intensive Auseinandersetzung. Bitten Sie Ihren Mitarbeiter deshalb darum, wichtige Fragen vorab schriftlich zu beantworten.

**Gute Vorbereitung schafft Vertrauen**

Mit diesem Vorgehen stellen Sie sicher, dass Sie alle relevanten Themen berücksichtigen und Ihr Mitarbeiter genügend Raum bekommt, um seine Anliegen vorzubringen. Und dass alle Gesprächspartner wissen, was auf sie zukommt. Das schafft Vertrauen und Sicherheit. Verhindert das mulmige Gefühl, das leicht entsteht, wenn man zum Chef gerufen wird.

Vor allem aber kann sich Ihr Mitarbeiter im Vorfeld noch einmal mit seiner eigenen Leistung auseinandersetzen. Kann Argumente sammeln, sich auf (kritische) Fragen vorbereiten. Er wird nicht überrascht, läuft nicht Gefahr, sein Gesicht zu verlieren. Er ist von Anfang an in der aktiven Rolle und wird aufgefordert, sich und seine Vorstellungen einzubringen.

Steht die Agenda, beginnt die inhaltliche Vorbereitung des Gesprächs.

### Übung: Vorbereitung Zielvereinbarungsgespräch

Diese Übung dient dazu, dass Sie sich ein eigenes Schema für Ihre Zielvereinbarungsgespräche schaffen, auf das Sie künftig immer wieder zurückgreifen können. Klären Sie für sich folgende Punkte:

- Welches konkrete Ziel haben Sie sich für das Gespräch gesetzt? Worüber soll bei Gesprächsabschluss Konsens bestehen?
- Hat Ihr Mitarbeiter alle festgelegten Ziele erreicht? Wo war er gut? Wo weniger gut?
- Welche Boni und/oder Incentives erhält er für seine Leistung? Wann kann er damit rechnen?
- Wofür möchten Sie Ihren Mitarbeiter loben? Und warum?

- Wofür möchten Sie Ihren Mitarbeiter kritisieren? Und warum?
- Wie beurteilen Sie sein Verhalten gegenüber Kunden und Kollegen?
- Welche Ziele möchten Sie mit Ihrem Mitarbeiter für die nächsten Monate vereinbaren?
- Welchen Handlungsspielraum benötigt er dazu?
  Wie weit können und wollen Sie ihn unterstützen?
- Bis wann sollen die Ziele erreicht sein? Welche Meilensteine müssen erreicht werden?
- An welchen Kriterien wird die Zielerreichung gemessen?
- Welche Incentives / Boni soll er dafür erhalten?
- Welche Agendapunkte hat Ihr Mitarbeiter ergänzt?
  Was müssen Sie dazu im Vorfeld wissen?

Diese inhaltliche Vorbereitung ist gleichzeitig der Fahrplan für Ihr Zielvereinbarungsgespräch, für das sich folgender Ablauf bewährt hat.

BEISPIEL

*Ablauf Zielvereinbarungsgespräch*

1. ***Herzlicher, offener Einstieg***
   *Begrüßen Sie den Mitarbeiter persönlich. Bauen Sie Rapport auf. Sprechen Sie erst dann Anlass, Dauer und Ziel des Gesprächs an.*

2. ***Mitarbeiter entwickelt sein Bild zunächst selbst!***
   *Stellen Sie dem Mitarbeiter offene Fragen, um zu erfahren, worin er seine Stärken sieht:*
   *Was ist Ihnen in der vergangenen Zeit gut gelungen?*
   *Wo sehen Sie besondere Stärken? Was ist Ihnen noch wichtig?*
   *Was können Sie verbessern? Wo sehen Sie für sich Wachstumsbereiche?*

3. ***Darstellung des Bildes der Führungskraft***
   *Betonen Sie die Punkte, in denen Sie mit dem Mitarbeiter*

*übereinstimmen. Stellen Sie anschließend fest, wo sich die Bilder unterscheiden, und begründen Sie Ihre abweichende Auffassung:*
*Mir ist aufgefallen, dass ...*
*In folgenden Punkten stimme ich Ihnen nicht zu ...*
*Da bin ich anderer Meinung ...*
*Da hatte ich einen anderen Eindruck ...*
*Im Unterschied zu Ihnen bin ich der Ansicht ...*
*Achten Sie dabei auf Sachlichkeit und Belegbarkeit der Fakten. Denken Sie daran: Wer behauptet, hat die Beweispflicht! Fordern Sie den Mitarbeiter zur Stellungnahme auf. Lassen Sie ihn ausreden, hören Sie aktiv zu.*

4. ***Planen von Verbesserungsmöglichkeiten, Ziele setzen***
   *In dieser Phase geht es um die Ziele für die kommenden Monate: Welche persönlichen Ziele möchten Sie sich setzen? Finden Sie eine SMARTe (vgl. Kapitel 3) Formulierung für die Ziele. Was wollen Sie konkret als Erstes tun?*

   *„3 plus 1 Idee", das heißt im übertragenen Sinn, dass die ersten drei (es können auch nur zwei oder gar fünf) Ideen zu Verbesserungen immer vom Mitarbeiter selbst kommen müssen. Ihre Idee kommt dann zuletzt!*
   *Achten Sie darauf, ob die Ziele des Mitarbeiters mit Ihren Erwartungen übereinstimmen. Hat er sich aus Ihrer Sicht zu wenig oder sogar unrealistisch viel vorgenommen, sollten Sie gegensteuern. Klären Sie im Gespräch, welche Hilfestellungen der Mitarbeiter bekommt bzw. welche Voraussetzungen erfüllt sein müssen, damit er die Ziele erfüllen kann.*

5. ***Gesprächsende***
   *Fassen Sie das Gesagte, vor allem die Zielvereinbarung, noch einmal zusammen. Schließen Sie das Gespräch mit einem Appell. Machen Sie sich während des Gespräches Notizen. Achten Sie darauf, dass die Zielvereinbarung klar und deutlich formuliert wird. Erstellen Sie nach dem Gespräch ein Protokoll, in dem die Ziele schriftlich fixiert sind – inklusive aller Zusatz-*

*informationen wie Hilfestellungen, Kompetenzerweiterungen, Kontrolltermine etc. Dieses Protokoll wird Bestandteil der Personalakte. Stellen Sie Ihrem Mitarbeiter eine Kopie für seine Unterlagen zur Verfügung. Damit haben Sie beide eine klare und einvernehmlich gefundene Basis für die Zusammenarbeit in den nächsten Monaten.*

**Unerlässlich: Gesprächsnachbereitung**

Zielvereinbarungsgespräche bedürfen – ebenso wie jedes andere Mitarbeitergespräch auch – der Nachbereitung. Dazu erstellen Sie das Protokoll und überreichen Ihrem Mitarbeiter eine Ausfertigung. Außerdem informieren Sie die Personalabteilung im Nachgang, wann das Gespräch stattgefunden hat. Die Personalstelle erhält kein Protokoll. Letztlich unterrichten Sie die zuständigen internen Stellen, in der Regel also die Human-Resources-Verantwortlichen, über vereinbarten Fortbildungsbedarf und angedachte berufliche Veränderungen. Legen Sie sich das Protokoll auf Wiedervorlage. So stellen Sie sicher, dass Sie regelmäßig die Einhaltung der Zielvereinbarungen kontrollieren.

## Mitarbeitergespräche

**Anlässe für Mitarbeitergespräche**

Die Ziele sind klar, offene Fragen geklärt. Trotzdem wird es auch zwischen den Jahresgesprächen immer wieder Anlässe für Mitarbeitergespräche geben. Zum Beispiel, um zu prüfen, ob Zeitpläne eingehalten und Meilensteine erreicht werden. Um Kurskorrekturen vorzunehmen oder wenn ein Mitarbeiter nach einer längeren Krankheit ins Unternehmen zurückkehrt. Weitere Anlässe sind beispielsweise:

- Ende der Probezeit
- Änderung der Aufgaben am Arbeitsplatz
- Weiterbildungsangebote
- Beförderung
- Konflikte im Team oder mit Kunden
- Mitarbeiterbewertung
- Kündigung

Möglicherweise bittet aber auch der Mitarbeiter von sich aus um ein Gespräch, weil es Konflikte im Team gibt, er eine Weiterbildung wünscht, sich über- oder unterfordert fühlt.

**Gesprächsbedarf rechtzeitig anmelden**

In der Regel sind Sie als Führungskraft der Initiator des Mitarbeitergesprächs. Ähnlich wie beim Zielvereinbarungsgespräch gilt auch hier: Laden Sie rechtzeitig ein. Nennen Sie den Anlass für das Mitarbeitergespräch, damit sich Ihr Mitarbeiter darauf vorbereiten kann. Achten Sie darauf, dass es keinen negativen Beiklang gibt – noch immer haben Mitarbeitergespräche in vielen Unternehmen den Beiklang von Ermahnungen oder Zurechtweisungen. Nutzen Sie deshalb Formulierungen wie „Ich freue mich auf den Austausch mit Ihnen". Oder: „Ich möchte mich über den Stand der Dinge informieren. Lassen Sie uns gemeinsam darüber sprechen, wie weit Sie bei Projekt XY sind." Ersetzen Sie die Vokabeln „richtig" und „falsch" durch „nützlich" und „nicht hilfreich".

Bitten Sie Ihren Mitarbeiter, sich auf das Gespräch vorzubereiten. Achten Sie darauf, dass er eine aktive Rolle einnehmen und das Gespräch auf Augenhöhe stattfinden kann.

**Kluge Wahl der Gesprächsumstände**

Planen Sie für das Gespräch ausreichend Zeit ein. Schlagen Sie einen Termin und einen Ort vor, der eine entspannte Gesprächsatmosphäre erlaubt. Hat Ihr Mitarbeiter im Anschluss einen wichtigen Präsentationstermin bei einem potenziellen Kunden, wird er sich nicht zu 100 Prozent auf Sie konzentrieren können. Stecken Sie wiederum gerade in schwierigen Budgetverhandlungen, wird sich dies auf Ihre eigene Konzentration auswirken.

Protokollieren Sie das Gespräch und die vereinbarten Ziele. Nutzen Sie dazu eine Vorlage, die Sie bereits im Gespräch ausfüllen und bei Bedarf später ergänzen können. Je klarer und einfacher diese strukturiert ist, umso besser. Achten Sie darauf, dass die Zielvereinbarungen klar und unmissverständlich formuliert sind.

## Lob- und Anerkennungsgespräche

**Wie lobe ich richtig?**

Anerkennung und Lob sind wohl die schönsten Anlässe für ein Mitarbeitergespräch. Trotzdem gibt es auch hier Stolperfallen. So stehen manche Mitarbeiter einem Lob skeptisch gegenüber. Zu oft wird es als Einstieg in ein Gespräch genutzt, in dem dann negative Nachrichten kommuniziert werden. Damit das Lob als solches angenommen wird und die gewünschte Wirkung entfaltet, sollten Sie deshalb folgende Tipps berücksichtigen:

1. Sprechen Sie Ihr Lob zeitnah und im Zusammenhang aus. Zum Beispiel: „Ich habe gesehen, dass Sie gestern noch lange da waren, damit der Kunde sein Angebot pünktlich erhält. Das finde ich gut."
2. Loben Sie angemessen. Was meint dies? Wenn Sie eher sachlich sind, freuen sich Ihre Mitarbeiter über ein „Gut gemacht!" oder ein „Toll, wie Sie das gemacht haben". Zeigen Sie sich gern emotional, können Sie Ihr Lob mit einem Schulterklopfen begleiten. Achten Sie darauf, dass Lob und Leistung in einem guten Verhältnis stehen.
3. Loben Sie fair. Achten Sie darauf, dass Mitarbeiter nicht für eine Leistung gelobt werden, während andere für die gleiche oder mehr Leistung leer ausgehen.
4. Loben Sie auch Mitarbeiter, die Ihnen nicht sympathisch sind.

**Kurzes oder ausführliches Lob?**

Bei kleineren Anlässen für ein Lob möchte man nicht zu viel Aufhebens darum machen. Etwa wenn ein Mitarbeiter trotz knappen Zeitrahmens eine Präsentation rechtzeitig zu Ende gebracht hat. Oder Überstunden gemacht hat, um ein Angebot fertigzustellen. In diesen Fällen reichen ein, zwei Sätze wie „Dank Ihres Engagements sind wir pünktlich fertig geworden" oder „Ich freue mich, dass ich mich so auf Sie verlassen kann". Geht es um herausragende Leistungen, sollten Sie sich entsprechend Zeit nehmen und auf Lob „zwischen Tür und Angel" verzichten. Damit Ihre Anerkennung als solche wahrgenommen wird und nachhaltig wirkt, sollten Sie die folgenden Tipps beachten.

## Übung: **Das richtige Lob**

Oft gesagt, wenig bedacht: Richtig loben will gelernt sein. Daher habe ich in dieser Übung noch einmal die Punkte zusammengefasst, die von Herzen kommen sollten:

1. Begründen Sie Ihr Lob. Stellen Sie heraus, was gut gelaufen ist. Welche Leistung, welche Verhaltensweisen Sie loben. Fragen Sie immer erwartungsfrei und offen, wie es zu dieser Leistung / zu diesem Ergebnis gekommen ist.
2. Vermeiden Sie allgemeine Formulierungen wie „Gut gemacht". Wählen Sie lieber Aussagen wie: „Ihre Präsentation hat mich vom ersten Moment an überzeugt. Das hat mir sehr gut gefallen. Toll!" Oder: „Eine so gute und gründliche Marktanalyse liest man gern. Das ist eine sehr gute Basis für unsere Vertriebsziele. Sehr gut gemacht!"
3. Zeigen Sie Interesse an der Leistung. Fragen Sie nach, wie Ihr Mitarbeiter auf die entscheidende Idee gekommen ist. Warum ihm so viel daran lag, das Angebot pünktlich fertigzustellen. Auf welche Informationsquellen er zugegriffen hat, als er die Marktanalyse erstellt hat.
4. Geben Sie ihm Raum, um bei Bedarf über Arbeitsprozesse oder organisatorische Abläufe zu sprechen.
5. Wiederholen Sie Ihr Lob zum Gesprächsende. Damit bleibt das Gespräch länger in positiver Erinnerung. Und Ihr Lob wirkt nachhaltiger.

**Anerkennung öffentlich ausdrücken**

Lob sollte unter vier Augen oder im sehr kleinen Kreis ausgesprochen werden. Bedenken Sie immer dabei: Der Lobende steht durch das Lob an sich über dem zu Lobenden. Diese gefühlte Hierarchie passt nicht immer und passt nicht jedem! Anders ist es, wenn Sie Ihre Anerkennung ausdrücken wollen: Diese darf und sollte öffentlich sein. Anerkennung braucht oft Öffentlichkeit, damit sie ihre Wirkung entfalten kann. Dabei ist Anerkennung weitaus mehr als spontane Wertschätzung, die sich in einem

Lob äußert. Hier geht es um die regelmäßige Leistung eines Mitarbeiters, die hohe Qualität seiner Leistungen. Um den Respekt vor der Leistung. Genau diesen Respekt sollten Sie Ihren Mitarbeiter spüren lassen – durch die Art des Miteinanders. Zeigen Sie, dass die erbrachte Leistung nicht selbstverständlich ist.

## Kritikgespräche

**Vom Sinn der Kritikgespräche**

Nicht ganz so erfreulich, aber immer notwendig, sinnvoll und wirksam sind Kritikgespräche mit Ihren Mitarbeitern. Viele Führungskräfte drücken sich davor – und riskieren so hohe Folgekosten. Und dies in mehrfacher Hinsicht. Erstens wird der Mitarbeiter sein Verhalten nicht von sich aus ändern und dem Team und/oder dem Unternehmen so auf Dauer schaden. Immerhin soll ein Kritikgespräch dazu dienen, Fehler in Zukunft zu vermeiden. Der Mitarbeiter hat also auch ein natürliches Recht auf Kritik. Oftmals ist es ihm gar nicht bewusst, dass die Qualität seiner Arbeit nicht Ihren Erwartungen entspricht. Oder dass sein Verhalten sich negativ auf den Umsatz auswirkt. Und zweitens: Das Fehlverhalten einzelner Mitarbeiter kann finanzielle Einbußen mit sich bringen – beispielsweise weil potenzielle Aufträge nicht zustande kommen oder Kunden sich dem Wettbewerb zuwenden.

**Das Wie ist ausschlaggebend**

Die Frage ist also nicht, ob Sie bei gegebenem Anlass ein Kritikgespräch führen, sondern wie Sie es führen. Dabei kann ein Kritikgespräch auch der Förderung des Mitarbeiters dienen. Schließlich haben sie ein gemeinsames Ziel, eine gemeinsame Aufgabe. Berechtigte, konstruktive Kritik trägt dazu bei, diese Aufgabe besser zu bewältigen.

Ein Unbehagen bleibt: Wir alle hören ungern Kritik an uns, an unseren Leistungen. Gehen schnell in die Verteidigungsposition. Fühlen uns persönlich angegriffen. Oder reagieren nach dem Motto „Angriff ist die beste Verteidigung“. Deshalb ist gerade bei Kritikgesprächen viel Fingerspitzengefühl gefragt.

## Übung: Kritikgespräch

Das Kritikgespräch ist sicher das schwierigste Gespräch der Big Five, das Sie als wertorientierte Führungskraft führen müssen. Daher hier eine Übung, die Sie als Grundlage für Ihre künftigen Gespräche nutzen können.

1. Was genau liegt vor? Was haben Sie selbst gesehen oder festgestellt? Und warum liegt Ihnen der Mitarbeiter und/oder das Thema am Herzen?
2. Versetzen Sie sich in die Lage des Mitarbeiters: Was hätte er wann anders machen können? Welche Motive hatte er/könnte er gehabt haben, sich so zu verhalten, wie er es getan hat?
3. Definieren Sie das Gesprächsziel. Unterscheiden Sie zwischen einem optimalen Ziel und dem Minimum, das Sie erreichen wollen. Wählen Sie einen passenden, ruhigen Gesprächsort aus. Führen Sie Kritikgespräche persönlich, nicht am Telefon. Und vor allem nicht vor Dritten. Achten Sie auf Ihre Sitzposition (siehe Kapitel 7)!
4. Bei sehr schwierigen Themen bietet sich ein gemeinsamer Spaziergang an. Gerade Themen mit persönlichem Bezug lassen sich im Gehen einfacher besprechen, da so keine „offizielle Atmosphäre" aufkommt. Bewegung bewegt – und immer wieder werden Sie die Erfahrung machen, dass es sich auf einem Spaziergang leichter spricht und konstruktivere Gedanken aufkommen.
5. Achten Sie auf den Gesprächstermin: Wählen Sie am besten einen Termin am Abend oder zum Wochenende hin. Kritik am frühen Morgen demotiviert für den gesamten Tag. Kritik am Freitagabend oder am Samstag kann eine gute Entscheidung sein, denn so hat der Mitarbeiter ein paar Stunden mehr Zeit, über alles nachzudenken und dann am folgenden Montag mit einer anderen Haltung zum Kunden zu fahren oder zu seiner Arbeit im Team zurückzukehren.

Mit dieser Vorbereitung haben Sie bereits wichtige Weichen gestellt. Jetzt geht es um das Gespräch selbst.

BEISPIEL

***Ablauf eines Kritikgesprächs***

1. *Begrüßung*
   *Bauen Sie eine positive Atmosphäre auf. Geben Sie Ihr Vertrauen zu erkennen – durch eine persönliche Begrüßung, Händedruck und Augenkontakt.*

2. *Schildern Sie die Situation und die Fakten offen und einfach. Drücken Sie Ihr eigenes Empfinden aus. Nutzen Sie dazu Ich-Aussagen:*
   *Mir ist aufgefallen ...*
   *Ich bin irritiert, dass...*
   *Mich ärgert es sehr, dass ...*
   *Ich bin enttäuscht, dass ...*
   *Hier gehören Emotionen gern dazu! Zeigen Sie, was Sie stört, enttäuscht etc.*

3. *Geben Sie dem Mitarbeiter Raum und Zeit, seine Sichtweise darzustellen. Fragen Sie bei Bedarf nach: „Wie sehen Sie die Situation? Wie denken Sie? Ihr Eindruck?" Hier sollen Emotionen im Spiel sein. Nur dann wird sich Verhalten ändern können.*

4. *Warten Sie. Sie wollen ein Signal des Mitarbeiters haben. Hat er eingesehen, dass sein Verhalten falsch war im Sinne der Zielsetzung? Kommt die Reaktion von ihm aus, geht es weiter.*

5. *Vereinbaren Sie mit dem Mitarbeiter Maßnahmen und Ziele, um die Situation zu ändern. Fordern Sie ihn auf, aktiv zu werden:*
   *„Was wollen Sie nun tun?"*

6. *Achten Sie auf eine positive Verabschiedung. Formulieren Sie einen Appell. Vereinbaren Sie einen nächsten Gesprächstermin, um zu sehen, ob die vereinbarten Maßnahmen die gewünschten Erfolge gebracht haben.*

Damit Kritikgespräche die gewünschte Wirkung erzielen, muss die Umsetzung der Ziele beobachtet werden. Sprechen Sie Lob aus, wenn Sie erste Veränderungen wahrnehmen. Zeichnet sich ab, dass die vereinbarten Ziele nicht eingehalten werden, ist ein weiteres Kritikgespräch nötig.

## Trennungsgespräche

Früher oder später ist es so weit: Eine Mitarbeiterin oder ein Mitarbeiter von Ihnen geht. Weil er oder sie sich beruflich verändern will. Weil ihm oder ihr gekündigt wurde. Weil der persönliche Lebensmittelpunkt verlagert wird. Oder der Ruhestand ansteht.

**Trennung im Guten**

Trennungsgespräche sind gerade aus werteorientierter Hinsicht wichtig. Sie geben dem Mitarbeiter noch einmal Feedback. Drücken Wertschätzung aus. Bilden die Basis für eine eventuelle spätere Zusammenarbeit – man weiß ja nie, wo man sich noch einmal begegnet. Für die verbleibenden Mitarbeiter ist der Umgang mit scheidenden Kollegen zudem ein Hinweis darauf, wie ehrlich Ihre Wertschätzung ist. Räumen Sie dem scheidenden Kollegen keine Zeit für ein Gespräch, einen freundlichen Abschied ein, kann dies zu Demotivation führen, weil das Gefühl entsteht, nur als Angestellter wahrgenommen zu werden, nicht aber als Mensch. Nur dann wertgeschätzt zu werden, wenn man etwas für die Firma erbringt.

**Guter Ton bewahrt die Würde**

Häufig unterschätzt werden die Informationen, die ein Unternehmen aus den Trennungsgesprächen für sich gewinnen kann. Wie das Gespräch verläuft und welche Ziele Sie mit dem Gespräch verfolgen, hängt natürlich davon ab, ob der Mitarbeiter

www.buhr-team.com/buch-fuehrungs-prinzipien-downloads

von selbst gekündigt hat oder ob er gekündigt wurde. Nehmen Sie sich deshalb Zeit für Ihren Mitarbeiter. Hören Sie aktiv zu. Und zeigen Sie bis zum Schluss Wertschätzung und menschliche Anteilnahme. Ja, ich weiß, manchmal ist es notwendig, dass Mitarbeiter innerhalb kürzester Zeit nach Kündigung von Computern, technischen Systemen und Kundendatenbanken ferngehalten werden. Aber – gehen wir jetzt mal nicht davon aus, dass sich kriminelles Gebaren bei Ihrem Mitarbeiter zeigte und Gefahr im Verzug ist – auch das kann man so oder so regeln. Öffentlich und beschämend oder freundlich, wenn auch unumstößlich – und so, dass der Mitarbeiter sein Gesicht wahren kann und Sie doch noch wertschätzende Worte für ihn haben. Wenn Ihnen das gelingt, gewinnen Sie sogar – sollte der Mitarbeiter das Unternehmen wechseln – einen „Herold" für Ihre Firma: einen Fürsprecher, der auf dem Markt gut über Sie redet und künftig vielleicht sogar für den ein oder anderen Kandidatentipp gut ist.

# 8 Das achte Führungsprinzip: Entwickle deinen Wow!-Faktor

| | |
|---|---|
| **Wofür brauchen Sie dieses Prinzip?** | Die „drei F" Feuer, Fähigkeiten, Fakten müssen zusammenkommen, damit Sie den Wow!-Faktor bei sich entwickeln und dieser auf Ihr Unternehmen und die Mitarbeiter überspringt. |
| **Was macht dieses Prinzip aus, welche Führungskompetenzen stehen im Fokus?** | Begeisterungsfähigkeit, Lebensaufgabe entwickeln, Hebel (Leverage) finden, Lernbereitschaft |
| **Wie können Sie diese Kompetenzen stärken?** | In einer Reflexion und mit einer Übung arbeiten Sie an Ihrem eigenen Wow!-Faktor. |

Überragende Ergebnisse erzielen Sie dann, wenn das Feuer der Leidenschaft Sie antreibt, die Fakten der (Arbeits-)Umgebung stimmen und Sie die Fähigkeiten zur Leistung haben. Wenn diese „drei F", Feuer, Fähigkeiten, Fakten, zusammenkommen, erzielen Sie Herausragendes mit Leidenschaft. Das ist Ihr Wow!-Faktor – und den können Sie auch in Ihrem Unternehmen einführen sowie Ihren Teams ermöglichen. Motivation ist dann keine Frage mehr!

Das achte Führungsprinzip entspricht dem 8. Prinzip der ©lean leadership: Mit dem Wow!-Faktor Ergebnisse erzielen.

## Der Wow!-Faktor – Leverage mit Leichtigkeit

**Freude befeuert**

Der Wow!-Faktor hängt eng mit einigen wichtigen Gestaltungsmomenten zusammen, die wir schon angesprochen haben:

- der „bestimmenden Lebensaufgabe“, die Sie für sich gefunden haben, und dem Maß, wie Sie sich dieser nähern und sie ausleben können,
- dem Sinn, den Sie Ihrer Arbeit und Ihrem Unternehmen geben – den Sie dort auch wiederfinden und der Ihnen Stärke gibt,
- der Übereinstimmung der aktuellen Situation mit Ihrer inneren Wertelage, denn genau das ist Ihr Motivationsgrad,
- dem Grad der Authentizität, oder besser Kongruenz, den Sie verwirklichen können und der zu Ihrem Erfolg beiträgt,
- dem Maß, in dem dies auch auf Ihre Mitarbeiter zutrifft, die im selben Wertesystem „unterwegs sind“.

Bei all diesen Aspekten brennt das Feuer der Leidenschaft! Hier sind wir begeistert! Hier ist unser Geist im Glücksmodus! Hier wird Energie freigesetzt, hier entsteht Schub! Dieses Feuer treibt die Maschine an und Sie und Ihre Mitarbeiter zu Höchstleistungen. Und Sie persönlich kennen es bereits, sonst wären Sie noch nicht da angelangt, wo Sie jetzt schon sind.

### ▶ Reflexion: Vorbild mit Wow!-Faktor

Sie haben bereits gelesen, welche Werte und Charaktereigenschaften Menschen bei ihren Vorbildern (am Arbeitsplatz) suchen. Bewerten Sie sich ehrlich selbst in dieser Hinsicht, und überlegen Sie, wie Sie Ihr Potenzial zum ©lean leader ausbauen können, zum Beispiel im Hinblick auf:

1. emotionale, intrapersonale Kompetenzen, die den guten Umgang mit sich selbst bestimmen – denn gute Selbstführung steht vor guter Führung von anderen,
2. soziale, interpersonelle Kompetenzen wie Empathie, Rücksichtnahme, Kommunikationskompetenz, Problemlösungskompetenz, ethisches Handeln, vorbildliche Lebensführung.

## Fähigkeiten: ständige Verbesserung erforderlich

**Wissen ist ein flüchtiges Gut**

Ich bin überzeugt davon, dass Sie, der oder die Sie dieses Buch gerade in Händen halten, gut in dem sind, was Sie tun! Sie haben viel gelernt, eine umfassende Ausbildung, die Erfahrung der Jahre im Berufsleben hat das Ihre beigefügt, Sie haben mehrere berufliche Herausforderungen angenommen, sind dabei aufgestiegen – Sie haben ein großes Set an Fähigkeiten erworben, auf das Sie zurückgreifen können. Und das ist ein sehr wertvolles Gut, untrennbar Ihres, das nimmt Ihnen keine Bank, das pfändet Ihnen kein Gläubiger. Das ist die gute Nachricht! Die weniger gute: Es bröckelt Ihnen leider von allein unter den Fingern weg. Der Zahn der Zeit nagt daran. Es vergilbt ein bisschen. Es wirft Falten. Einige machen weiter mit den immer kleiner werdenden prunkvollen Stücken, die ihnen noch verblieben sind. Andere versuchen, mit dem Säckel ihrer Fähigkeiten noch zu wuchern, wo die Welt schon ganz neue Wissenswährungen belohnt. Kurz: Das schöne Set an Fertigkeiten und Fähigkeiten, an Wissen und Kompetenz, an Tools und Strategien veraltet, und es passt nicht mehr immer, um den neuen Anforderungen der neuen Zeiten gerecht zu werden. Geschweige denn, um für diese Zeiten Visionen zu entwickeln und andere Menschen, zum Beispiel Mitarbeiter, mit dem Wow!-Faktor nach vorne mitzureißen! Ich erinnere mich an einen Wissenschaftler namens Laurence J. Peter, der bereits Ende der 70er-Jahre das nach ihm benannte Peter-Prinzip entwickelt hat. Es besagt unter anderem, dass jede

Führungskraft so lange aufsteigt, bis sie auf dem Platz angelangt ist, für den sie nicht mehr qualifiziert ist, also den – ich nenne es mal so – Tempel der eigenen Unfähigkeit erreicht hat. In diesem Tempel richten es sich die meisten Führungskräfte dann so ein, dass sie ihre Zeit und Energie mit dem Vertuschen von Fehlern im großen Ausmaß und dem Verbeißen von jüngeren Nachrückern – die letztlich auch bis zum Mittelpunkt ihrer Inkompetenz aufsteigen werden – verbringen. Dies sei einer der Gründe, warum es zu gigantischen Fehlentscheidungen in Politik, Gesellschaft und Wirtschaft kommt. Das Buch „Das Peter-Prinzip" habe ich bereits während meiner Studienzeit gelesen und später als ständige Mahnung im Bücherregal stehen gehabt. Als Mahnung an mich selbst, dem Peter-Prinzip so gut zu widerstehen, wie ich es eben vermag. Und das heißt, vier Dinge ständig zu tun:

1. mich auf meinem Weg ständiger Selbstreflexion zu unterziehen,
2. mein Fähigkeitenprofil den aktuellen beruflichen Herausforderungen anzupassen,
3. mir regelmäßig Feedback von kritischen Geistern und Mentoren über meine Kenntnisse, mein „Wissensgut" und meine Performance einzuholen und
4. lebenslang weiter zu lernen und an mir zu arbeiten.

Das Feuer der Leidenschaft nutzt nichts, wenn es nicht auf dem Holz der Fähigkeiten lodert!

## Fakten: unternehmerische Grundlagen müssen stimmen

**Kein Wow ohne Flow**

Die Fakten geben dem Feuer gewissermaßen den Rahmen – wie bei einem Kamin. Sie beschreiben die Umgebung in der Abteilung, dem Unternehmen, dem Markt, in dem sich Begeisterung und Fähigkeiten entwickeln. Die passenden Fakten für Feuer und Fähigkeiten – Führungsaufgaben – zu schaffen, ist primär Aufgabe des Managements. Den Wow!-Faktor nutzen: Ein Element davon ist, im Flow zu sein. Mihály Csíkszentmihályi hat dieses Gefühl des völligen Aufgehens in einer Tätigkeit, eines energiereichen, in sich versunkenen Schaffensrausches so gut beschrieben – es ist der vollkommen fokussierte und entrückte Zustand, in dem wir uns als spielende Kinder befanden und der uns als Erwachsenen so kostbar wie selten ist. Der Wow!-Faktor trägt Sie genauso leicht und energiereich. Doch um dafür zu sorgen, dass sich Flow hin und wieder einstellen kann, müssen Sie ständig an der Verbesserung der drei Faktoren Feuer, Fähigkeiten und Fakten arbeiten.

### Übung: **Wow!-Faktor**

Hier sind drei Anregungen, die Ihnen helfen, den Wow!-Faktor zu entwickeln:

1. Begeisterung

Erstellen Sie eine Liste mit den Dingen oder mit Situationen in Ihrem (Business-)Leben, die Sie wirklich zutiefst begeistern, die Sie mitreißen. Ihr Profit: Diese Punkte auf dieser Liste geben Ihnen mehr als alles andere Kraft und Energie – sie sind Ihre Ressourcen, wenn's in der Krise mal eng wird.

2. Kompetenz

Entscheiden Sie jetzt, in welchem geschäfts- und zukunftsrelevanten Bereich Sie sich unverzüglich weiterbilden wollen! Sie lassen Ihr Wissen und Ihr Können nicht veralten – sondern bringen Ihre Fähigkeiten auf den neuesten Stand. Sie werden innerhalb der nächsten drei Tage (72 Stunden) ein Seminar recherchieren (lassen), zu dem Sie sich anmelden. Oder einen Coach finden, der Sie bei Ihren technisch-beruflichen oder sozial-emotionalen Kompetenzen weiterbringen wird. Sie sind ein Macher – Sie schaffen es, innerhalb von drei Tagen den nächsten Schritt zu tun!

3. Businessumfeld

Ein ergebnis- und leistungsorientiertes Umfeld zu schaffen, ist Ihre Aufgabe als Führungskraft. Ermitteln Sie den Wow!-Faktor in Ihrer Abteilung, Ihrem Unternehmen anhand der folgenden sieben Leitfragen:

1. Wobei entwickeln wir als Team Leidenschaft?
2. Wohin „geht" unser Feuer?
3. Womit verdienen wir (am meisten) Geld, wo sind die Erträge am höchsten?
4. Was wollen wir nicht mehr tun / haben / sein?
5. Was wollen wir stattdessen?
6. Was können wir besonders gut?
7. Worin sind wir die Nummer eins?

Das achte Führungsprinzip verpflichtet Sie also ganz konkret:

Nutzen Sie den Wow!-Faktor, indem Sie Feuer und Begeisterung bei sich und Ihren Mitarbeitern wecken, Ihre Fähigkeiten und die Ihrer Mitarbeiter zielorientiert weiter ausbauen und den Rahmen dafür schaffen, dass Freude an Leistung möglich ist!

# 9 Das neunte Führungsprinzip: Erhöhe Umsatz und Gewinn mit Verstand und Sinn

| | |
|---|---|
| ► **Wofür brauchen Sie dieses Prinzip?** | Es gibt eine direkte Korrelation zwischen gelebten Werten im Unternehmen und seinem wirtschaftlichen Erfolg. Die Sinnhaftigkeit des Tuns, der Arbeit, der angebotenen Produkte und Dienstleistungen ist ein besonders entscheidender Wert. |
| ► **Was macht dieses Prinzip aus, welche Führungskompetenzen stehen im Fokus?** | Vision, Mission entwickeln, Sinnhaftigkeit, Integrität, Kundenorientierung |
| ► **Wie können Sie diese Kompetenzen stärken?** | Sie hinterfragen in der Reflexion: Was führt in unserem Unternehmen von Werten zu Wert? |

Der gesellschaftliche Auftrag von Unternehmen liegt im Angebot von Waren und Leistungen, die das Leben der Menschen verbessern. Gewinnstreben ist eine natürliche Folge dieses Auftrages, solange es mit Sinn und Verstand statt mit Gier und Gewalt geschieht. Was wir schon festgestellt haben: Unternehmerisches Handeln und geschäftliche Produktion müssen einen Sinn haben, dann führt nachhaltige Wertorientierung zu nachhaltiger Wertschöpfung.

Das neunte Führungsprinzip entspricht dem 9. Prinzip der ©lean Leadership: Gewinnorientierung – mit Sinn und Verstand.

## Wertorientierung umfasst Gewinnorientierung

**Leben = wachsen oder sterben**

Fortschritt wurzelt immer im Spannungsfeld, in der Differenz zwischen Geborgenheit und Wachstum, und so ist das Streben nach Fortschritt uns Menschen inhärent. Gerald Hüther hat zu diesem Thema eine Reihe ausgezeichneter Publikationen veröffentlicht (von denen Sie einige im Literaturverzeichnis dieses Buches finden). Wachsen oder sterben – an dieses komplementäre System ist Leben gebunden. Unternehmen müssen wachsen, sonst werden sie sterben. Was oder wer sich nicht weiterentwickelt, stirbt ab. „Wir leben von der Differenz", nenne ich das. Kaviar und Currywurst – es muss beides geben: Wenn ich eine Zeit lang Kaviar hatte, will ich bei Currywurst (neu) anfangen, sonst entwickelt sich nichts.

**Ziele erzeugen weitere Ziele**

Erreichte Ziele bekommen Junge. In dieser Hinsicht ist Wachstum, auch wirtschaftliches, nicht endlich. Es muss immer Neues, Angepasstes, Weiterentwickeltes geben – Dinge, Produkte, Leistungen, die den neuen Ansprüchen und Ressourcen, neuen Möglichkeiten und Märkten gerecht werden. Damit kann und muss Gewinn gemacht werden, sonst können Unternehmen ihrem gesellschaftlichen Auftrag nicht mehr nachkommen.

### Wir brauchen ein Wachstum an und mit Ideen

**Die Strategie der Umsatzmaschinen**

Sinnvoll zu produzieren, nachhaltig zu wirtschaften, Hilfreiches für das Leben der Menschen – das damit zugleich begehrt und marktgängig ist – zu entwickeln, ist Ziel von Umsatzmaschinen. Mit den Erfolgsstrategien solcher besonders absatzstarken Unternehmen habe ich mich in den vergangenen zehn Jahren intensiv beschäftigt. Und festgestellt, dass ihre überdurchschnittlich gute Performance immer auf besonders guter Marktkenntnis, besonders ausgeprägtem Vertriebsvermögen und besonders gut umsetzbaren Visionen beruhte – und zudem auf herausragenden

Kompetenzen in Feldern wie exzellenter Führung, Sinn schaffen, Zukunft ermöglichen.

Noch ein Tipp: Mehr dazu erfahren Sie, wenn Sie mögen, mit der 9-Levels®-Systematik – und Literatur dazu finden Sie, wie zu allen weiterführenden Themen dieses Buches, im Literaturverzeichnis.

**www.buhr-
team.com/de/
akademie-
fuehrung-
vertrieb-
management-
schulungen-
persoenlich-
keits-tools**

## Gewinn auf der Basis von Gegenseitigkeit

Es erweist sich nochmals die direkte Korrelation zwischen gelebten Werten und erzieltem Gewinn. In einer bekannten Studie hat Rolf Berth bei 307 Teams untersucht, welche der 30 zuvor als besonders wichtig identifizierten Werte sie bevorzugen oder ablehnen. Anschließend wurde ermittelt, welche Rendite diese Gruppen mit ihren Projekten erzielt haben und um wie viel Prozent die Rendite bei den Befürwortern eines bestimmten Wertes höher lag als bei dessen Gegnern (Renditedifferenz). Im Ergebnis zeigt sich, dass Werte aus dem Bereich der ©lean leadership besonders „renditestark" abschnitten:

- sich öffnen, um sich im Team zu ergänzen 178 %
- alles muss sich rechnen 174 %
- sich voll einbringen 171 %
- Vertrauen statt Kontrolle 162 %
- Freiräume gewähren 146 %
- lebenslanges Lernen 145 %

Das ist nur eine von vielen Studien, die darauf hinweisen, dass erfolgreiche und umsatzstarke Unternehmen von morgen wertegesteuert sein werden. „Zu stark sind die Kräfte, die das Management freisetzen kann, und zu groß die Einsparungen, wenn Führungskräfte Werte klug einsetzen", schließt Berth.

**Double your profit**

Eklatant und überzeugend sind in diesem Zusammenhang die Ergebnisse des weltweit tätigen US-amerikanischen Beratungsunternehmens Zenger: Auf der Basis einer Datenbank von rund 300.000 360°-Feedback-Analysen, die das Unternehmen über die Jahre weltweit erhoben hat, wurde ein System von 16 auf Werten wurzelnden Kernkompetenzen („core competencies") identifiziert, das Führungskräfte überaus erfolgreich macht – und zwar insbesondere bei der Frage der Gewinnerhöhung. Unterstützt von begleitenden Verhaltensweisen, sogenannten „companion behaviors", erziehen Führungskräfte, die diese werteorientierten Kompetenzen mitbringen (oder entwickeln), ihre Mannschaft zu „Double your profit", wie Jack Zenger und Joe Folkman es nennen. Schlechte Führungskräfte machen Verlust, gute Führungskräfte erwirtschaften Gewinn – und außergewöhnliche Führungskräfte erzeugen einen Gewinn, der mehr als das Doppelte des Durchschnittsgewinns der übrigen 90 Prozent beträgt! –, so kann man die Ergebnisse von Zenger und Folkman zusammenfassen (vgl. Pressemeldung: „Wie Führungskräfte den Unternehmensgewinn beeinflussen"*).

**▶ Reflexion: Was führt bei uns von Werten zu Wert?**

Da Gewinnorientierung und Wertorientierung so eng zusammenhängen, betrachten Sie in dieser Reflexion die Aspekte Ihres unternehmerischen Wirkens, die die unmittelbaren Grundlagen für beide schaffen. Jeder der folgenden vier Entwicklungsschritte bedarf eines längeren Gedankenprozesses, und es ist wichtig, dass Sie jeden zu Ende gehen. Die meisten Unternehmen gehen Schritt 1 und 2, versagen aber bei 3 und 4 – deswegen wird ihnen der Erfolg in der konsequenten Umsetzung bis hin zur Positionierung als mythische Marke versagt bleiben. Und Ihnen?

* www.text-ur.de/newsroom/newsdetail/Wie-Fuehrungskraefte-den-Unternehmensgewinn-beeinflussen (dok. Jan. 2016)

1. Vision und Mission definieren auf Grundlage des Wertekanons des Unternehmens

Unsere zehn wichtigen, schriftlich festgehaltenen und im Unternehmen gelebten Werte:

______________________________________________

______________________________________________

Die Mission unseres Unternehmens, auf die sich alle Mitarbeiter einigen können: Was können wir der Welt Wichtiges, Sinntragendes geben?

______________________________________________

______________________________________________

Die Vision unseres Unternehmens: Wo wollen wir in zehn Jahren stehen, wofür wird man uns kennen und schätzen und womit haben wir den Markt erobert?

______________________________________________

______________________________________________

2. Kernpositionierung und Expertenstatus des Unternehmens und der Leistungen / Produkte erarbeiten und dabei klar am Kundennutzen ausrichten

3. Leistungen und Produkte emotional aufladen: Added Emotional Value als Alleinstellungsmerkmal am Markt aufbauen

Was löst bei unseren Kunden und Interessenten wirklich (positive) Emotionen aus? Wie können wir diese verstärken? Marken sind heute Erlebniswelten, die auf alle Sinne wirken.

Wie sprechen wir die einzelnen Sinne an? Was kann unser Kunde sehen, hören, riechen, ertasten und vielleicht sogar schmecken?

4. Langfristiges Ziel: Wie kann unser Unternehmen zu einer mythischen Marke werden? Was ist seine Essenz?

## Wer schlecht führt, vermarktet schlecht

**Kunde 3.0 erwartet exzellente Führungskultur**

Führung 3.0 (vgl. dazu Kapitel 5) kann nur gelingen und zu Erfolg führen, wenn Werte klar im Blickfeld sind und vorgelebt werden. Denn nur so gewinnen Unternehmen Mitarbeiter für sich und ihre Ideen, und damit gewinnen sie auch Kunden. Kunden sind die Quelle, die – das muss ich Ihnen als unternehmerische Persönlichkeit nicht erklären – Geld ins Unternehmen bringt. Auf ihnen muss also der Fokus liegen. Der heutige Kunde 3.0 setzt andere Maßstäbe als der Kunde von früher. Er ist oft besser informiert als der Verkäufer. Er setzt auf Nachhaltigkeit und Werte. Er kauft nicht einfach irgendwo, ihm ist das Image und somit auch die Führungskultur eines Unternehmens wichtig, wie eine Studie der Kommunikationsagentur Ketchum – der Ketchum Leadership Communication Monitor – zeigt: Die Mehrheit der 6.500 Befragten gibt an, in den vergangenen zwölf Monaten weniger bei Unternehmen mit schlechter Leadership gekauft oder diese Firmen sogar völlig boykottiert zu haben. Kunden kaufen also gar nicht oder zumindest weniger bei Unternehmen mit schlechter Führungskultur. Amazon-Bashing, leere Primark-Läden, die Erinnerung an boykottierte Schlecker-Filialen oder der rasante Absturz der Kultmarke Abercrombie & Fitch – nur ein paar große Beispiele für eine stille Verbraucherrevolution, die jeden Tag an der Kasse stattfindet. Eine Abstimmung mit den Füßen, Taschen und Kreditkarten.

Gewinnorientierung auf dem Fundament von Wertorientierung und Nachhaltigkeit zählt demnach zu den vornehmsten Aufgaben einer herausragenden Führungskraft der neuen Zeit. !

# 10 Das zehnte Führungsprinzip: Nutze die Weisheit der vielen

| | |
|---|---|
| ▶ **Wofür brauchen Sie dieses Prinzip?** | Die Weisheit der vielen nutzen bedeutet: das Erfahrungswissen im eigenen Netzwerk und das Wissen der Mitarbeiter erhalten, das Feedback der Kunden für Zukunftstrends bei neuen Produkten und Dienstleistungen nutzen, Unterstützung von Mentoren holen und kollektive Intelligenzzirkel aufbauen. Neue technische Medien helfen Ihnen dabei. |
| ▶ **Was macht dieses Prinzip aus, welche Führungskompetenzen stehen im Fokus?** | Vernetzung, Share-Economy entwickeln, Wissen Dritter nutzen, Mentorship, kollegiale Intelligenz aufbauen, technische Kompetenzen |
| ▶ **Wie können Sie diese Kompetenzen stärken?** | In der Reflexion überlegen Sie, wie Sie die entscheidenden Faktoren dieses Führungsprinzips selbst umsetzen können. |

Das zehnte Führungsprinzip entspricht dem 10. Prinzip der ©lean leadership: Vernetzen, um die Weisheit der vielen zu nutzen.

Keiner gewinnt allein, das war schon immer so und wird aller Voraussicht nach auch so bleiben. Daher setzen hervorragende Führungskräfte wie Sie in Zukunft noch stärker auf Netzwerke, gelebte und geförderte Communitys und auf die Weisheit der vielen. Sie arbeiten und denken in vernetzten Strukturen und nutzen dafür die modernen Technologien wie auch ihre ausgeprägten sozialen Kompetenzen.

## Wissen und Weisheit anderer nutzen

Die Weisheit der vielen zu nutzen, entspricht einem unternehmerischen Führungsgesetz, das mehrere Aspekte vereint:

### 1. Das Erfahrungswissen der Mitarbeiter erhalten und wertschätzen

**Der Mitarbeiter als Wissensquelle**

Zum Ersten: Führungskräfte 3.0 verstehen es, das Wissen, die Erfahrung und die Kompetenz der Mitarbeiter zum Wohl des ganzen Unternehmens zu nutzen. Das setzt zunächst voraus, dass sie dieses Wissen auch erhalten. Dass es freiwillig zur Verfügung gestellt wird. Man kann keine Idee aus einem Mitarbeiter herauspressen, kein Wissen aus seinem Hirn saugen. Wenn Sie sich bisher als werteorientierte Führungskraft, als Vorbild erwiesen haben, geben Ihnen Ihre Mitarbeiter Ideen, Wissen und Leistung freiwillig und freudig. Indem Sie fragen und dabei die richtigen Fragen stellen. Indem Sie – das ist Management – standardisierte Informationsabfrageprozesse einrichten. Und vor allem: indem Sie sich über längere Zeit als Zuhörer und Unterstützer Ihrer Mitarbeiter qualifiziert haben. Denn erst wenn Mitarbeiter spüren, dass ihr Wissen und ihre Ideen nicht nur „abgegriffen" werden sollen, sondern dass sie einen wertvollen und wertgeschätzten Beitrag zum Wohl des Unternehmens (und Fortbestehen ihres Arbeitsplatzes) leisten, bringen sie mit Freude ihre Ideen und Erfahrungen ein.

### 2. Das Feedback der Kunden für Zukunftstrends nutzen

**Eine Idee wird zur Bewegung**

Zum Zweiten: Führungskräfte 3.0 setzen Feedback aus dem Markt, setzen Wünsche und Ideen von Kunden und Lieferanten ein, um epidemischen Erfolg zu erzielen. Was meine ich damit? „Epidemisch" bedeutet, wie Malcolm Gladwell in seinem Buch „Tipping Point" darlegt, dass aus der Idee einiger weniger in kurzer Zeit eine Bewegung wird, die einen ganzen Markt ändern kann. Um keine Unklarheiten aufkommen zu lassen: Ich sage nicht, dass Sie bloß auf Kundenwünsche, also die Stimmen aus dem Markt, reagieren sollten. Das ist meist keine echte Innovation, denn es ist nicht Aufgabe der Kunden, fantastische Produkt- oder Dienstleistungsideen zu entwickeln und auch noch kostenfrei an Ihr Unternehmen zu liefern. Ich meine, dass Sie die Weisheit des Marktes erkennen, indem Sie Zukunftstrends aus dem Feedback entwickeln, die Sie für Ihre Arbeit nutzen, also dafür, Ihr Unternehmen in eine wirtschaftliche Zukunft zu führen.

**Epidemisches Wachstum einer Idee**

Gladwell beschreibt drei Faktoren, die ein epidemisches Wachstum einer Idee ermöglichen:

1. das Gesetz der wenigen, das die Bedeutung weniger herausragender, enthusiastischer Menschen für das Starten einer Bewegung hervorhebt (leider gilt das auch für negative Beispiele),
2. den Verankerungsfaktor, der sich auf das Wie einer unvergesslichen, ansteckenden Botschaft bezieht, und
3. die Macht der Umstände, die – kurz gesagt – beschreibt, dass der Schlüssel zur Veränderung des Verhaltens von Menschen in der Veränderung kleinster, aber entscheidender Details, in kleinen Modifikationen der Grundsituation liegt. Oftmals machen größere oder selbst kleinere Modifikationen an Produkten einen entscheidenden Unterschied – sie können ein Impuls sein, um eine Epidemie auszulösen, schreibt Gladwell. Ein sicher extremes Beispiel hierfür war die Vorstellung des ersten iPhones: Nicht nur hat es mit der Vielzahl an möglichen Zusatzprogrammen – Hunderttausende von Apps werden inzwischen angeboten – den Markt vertrieblich revolutioniert, es hat sogar zu Verhaltensänderungen bei Menschen geführt. Ist Ihnen schon einmal aufgefallen, dass eine ganze Generation von Kindern über Monitore wischt, auch wenn sich dahinter gar keine Apple-Technologie verbirgt? Ja, vielleicht ist es Ihnen selbst schon so gegangen; ich jedenfalls habe mich neulich dabei erwischt, wie ich über die Glasfront

eines Fahrkartenautomaten gewischt habe, weil ich den Ticketauswahlprozess starten wollte.

Dementsprechend können Modifikationen auch bei Dienstleistungen, im Service, im Verhalten den Kunden gegenüber epidemische Erfolge auslösen – es gibt immer einen Bereich, in dem Sie durch eine kleine Änderung – ein Quäntchen mehr aus Kundenperspektive gedacht – erheblich mehr Erfolg, Zuspruch, Umsatz entwickeln können. Erforderlich neben der Weisheit der vielen: die Klugheit und Begeisterung des Einzelnen. Nämlich von Ihnen.

## 3. Wissen und Unterstützung von Mentoren nutzen

**Nicht jeden Fehler selbst machen**

Zum Dritten: ©lean leader profitieren in ihrer eigenen Entwicklung von der Erfahrung von Mentoren und weisen Menschen. Das knüpft an meine vorigen Worte an: Verschaffen Sie sich gute Ressourcen für Ihre eigene Klugheit und Ihre eigene Begeisterung im Zusammenwirken mit einem Mentor, einem persönlichen Coach, der hilft, Eigenes in neue Zusammenhänge einzuordnen. Größer zu denken. Perspektiven zu wechseln. Weiter zu blicken. Eine bessere Vision zu entwickeln. Zentrales Thema hier: Reduktion von Komplexität. Klar sein. Einfach sein. Den Punkt treffen.

**Vom Wissen anderer profitieren**

Das greift auf unsere Überlegungen zur Steuerung von komplexen Systemen zurück. Man muss das große Bild erkennen, das Wesen hinter den Dingen, um große Hebel ansetzen zu können, um richtig Energie ins System einzubringen, um wirklich etwas zu bewegen. Genau hier können Sie von der Erfahrung, dem Abstand, der Weitsicht und von den gelebten Beispielen von Mentoren und Vorbildern profitieren. Suchen Sie sich die Besten aus! Große Menschen geben ihr Wissen gerne weiter!

▶ **Reflexion: Mentorship**

Manche Führungskräfte behaupten voller (vielleicht gespieltem) Selbstbewusstsein, sie hätten nie eine Mentorenschaft „nötig gehabt". Ich sage: Schade, das ist zu kurz gedacht – denn wir können durchaus von den Erfahrungen anderer lernen und müssen nicht jeden Fehler selbst machen. Hier eine kurze Reflexion darüber, wer Ihr Mentor sein könnte – oder bereits war – und was Sie von der Weisheit Dritter im Leben nutzen können.

| Mein Mentor/ mein Vorbild | Diese Werte und Eigenschaften haben mich besonders beeindruckt | So habe ich die Erkenntnis in mein Leben/mein Führungsverhalten eingebaut |
|---|---|---|
| | | |
| | | |

## 4. Kollektive Intelligenz in Experten-Communitys aufbauen

**Vernetztes Wissen kreiert neue Lösungen**

Und zum Vierten: ©lean leader nutzen die modernen medialen Möglichkeiten der Vernetzung mit dem Wissen vieler. Sie beherrschen die Technologien und Strategien, um stets zum richtigen Zeitpunkt das richtige Wissen und Können anzuzapfen. Recht verstanden: Damit meine ich nicht, auf ein simples Konzept der Schwarmintelligenz zu setzen nach dem Motto: Die Mehrheit kann nicht irren. Da halte ich es doch eher mit Anatole France: „Wenn 50 Millionen Menschen etwas Dummes sagen, bleibt es trotzdem eine Dummheit." Ich meine stattdessen etwas wie „die Weisheit vieler Experten“, deren Wissen und Meinungen zusammengenommen neue Lösungswege ermöglichen. Neue Blickwinkel eröffnen und neue Visionen zeigen. Das Internet verschafft uns Zugänge zu Quellen und Netzwerken. Es gibt kaum noch Geheimwissen. Jeder kann mit jedem von überall her Kontakt aufnehmen. Nutzen wir diesen Effekt für uns aus! So wie die großen Radioteleskope weltweit zusammengeschaltet werden, um Einblicke in fremde Galaxien zu erhaschen, die uns in Vergangenheit und Zukunft blicken lassen, unser Bild vom Universum erschüttern und uns dadurch immer wieder einen Schritt weiter führen.

**Share-Economy auch für Know-how**

Crowdsourcing ist ein Stichwort, das in diese Richtung weist. Im Prinzip heißt das, dass viele sich untereinander vernetzen, um einander zu helfen, voneinander zu profitieren, „Knowledge-Sharing“ zu betreiben. Wikipedia und Hunderte von Plattformen, auf denen Menschen Wissen, Studien, Forschungsergebnisse, Datensammlungen, Produktbewertungen, aber auch einfach nur Hilfe anbieten, Antworten auf auch noch so absurde Fragen geben oder nützliche Tipps für Alltag und Beruf austauschen. Tausende von Angeboten, Leistungen kostenfrei füreinander erbringen. Dinge, die nicht mehr gebraucht werden, verschenken, statt sie wegzuwerfen. Nützliches verteilen, Dinge ausleihen oder teilen. Ob Carsharing, Mitwohnen, Übernachtenlassen, Büchertauschen, Kleiderkreiseln oder Mitfahrten organisieren: Die Share-Economy ist der nächste konsequente Schritt des einstigen Community-Gedankens. Und dieses Prinzip gilt auch für Wissen und Können: Hunderttausende kostenfreier Tutorials werden auf den Videoplattformen wie YouTube angeboten und bilden mit Millionen von Lifehacks („Lebenskniffen“) eine unschätzbare Quelle neuen Wissens, neuer Informationen, neuer Visionen, neuer Ideen.

**Das Web als Ideenwiege**

Und natürlich auch neuer Businessideen – denn hier erwachsen neue Produkte, Konzepte und Leistungen, die wir morgen brauchen werden und die uns in die Zukunft führen. Netzwerke, wie der Industrieklub, der Stammtisch, lokale und nationale Interessengruppen, und auch Netzwerke im Internet, wie LinkedIN, Xing und Facebook, sind Quellen für Wissen und Erkenntnisse. Das zehnte Führungsprinzip, die Weisheit der vielen, ist definitiv ein Zukunftsthema für ©lean leader. Es führt die Energie von vielen – von Mitarbeitern, Menschen in Ihrer Marketing- und Vertriebslinie, Kunden, Mentoren und Experten-Communitys – zusammen. Das ist ökonomisch. Das ist inspirierend. Das sprüht Funken! Das hat den Wow!-Faktor!

### ▶ **Reflexion:** Wie wird mein Handeln als Führungskraft zu weisem Handeln?

Die Beantwortung der Leitfragen in diesem Kapitel fordert Sie wieder persönlich; doch nur mit ehrlicher Introspektion kommen wir auf dem Weg zur herausragenden Führungskraft weiter. Daher steht die folgende Reflexion auch am Ende des Kapitels – denn jetzt haben Sie die Zeit, in die Introspektion zu gehen. Machen Sie sich bei den folgenden vier Fragen bitte wieder Notizen.

1. Mitarbeiter

Bin ich wirklich die Führungskraft, der Mitarbeiter gerne ihre Ideen, ihr Wissen, ihre Erfahrungen anvertrauen? An welchen quantitativen und qualitativen Ergebnissen mache ich das fest?
To do: Was werde ich konkret tun, um diesen Aspekt meiner Führungstätigkeit zu verbessern? Ideen und Wissen sind die kostbarsten Zukunftsressourcen – was gebe ich meinen Mitarbeitern Wertvolles dafür?

______________________________________________

______________________________________________

## 2. Zukunftstrends

Was tun wir, um Zukunftsmärkte aus den Feedbacks unserer Kunden abzuleiten und Zukunftstrends zu entwickeln? Wie ist der Prozess geregelt?
To do: Wie können wir diesen Prozess noch verstärken? Wen im Unternehmen beziehe ich in diese Verbesserungsidee jetzt ein?

---

## 3. Mentoren

Welche Vorbilder in Geschäfts- und Privatleben kenne ich, von denen ich lernen und profitieren könnte? Wem traue ich am meisten zu, wem vertraue ich am meisten?
To do: Reflexion „Mentorship" (vgl. dieses Kapitel) durchführen. Wen werde ich als Mentor ansprechen?
Und für wen könnte ich selbst ein guter Mentor werden?

---

## 4. Experten-Communitys

Wo ist das Expertenwissen gebündelt, das mich voranbringt? Welche hochrangigen, nützlichen, innovationsgetriebenen (globalen Off- und Online-)Netzwerke sind wichtig für mich?
To do: Wo genau werde ich mich engagieren – und wo nicht?

---

---

# 11 Impulse: Umsetzung im Business 3.0

**Wer ein Team führt ...**

Ein Team zu führen, es zu Bestleistungen zu motivieren und als Führungskraft am Ball zu bleiben, erfordert Kraft, Ausdauer und Motivation. Vor allem bei größeren Teams ist es dabei wichtig, die Fäden in der Hand zu halten. Nur so können Sie effizient führen, wenn nötig gegensteuern und vor allem unterstützen.

**... benötigt Informationen**

Schnelle und transparente Informationen, Wissenstransfer und Zugriff auf relevante Daten – diese Voraussetzungen helfen Ihnen dabei, diesen Auftrag zu erfüllen. Wenn Sie sich jetzt fragen, wie Sie das bei einem Team von zehn, 20 oder mehr Mitarbeitern sicherstellen können: Es gibt einen Weg. Und der ist einfacher, als Sie denken.

**Hilfreiches Tool: Social Media**

Die Lösung heißt Social Media. Oder konkreter: Social Intranet. Dabei ist es unerheblich, ob Sie eigene Entwicklungen nutzen, wie dies beispielsweise die ING-DiBa oder die Deutsche Telekom machen, oder ob Sie bestehende Lösungen wie Salesforce, XING, LinkedIn oder Facebook in Form geschlossener Gruppen nutzen. Die interaktiven Plattformen bieten Ihnen eine Bandbreite an Möglichkeiten, die Transparenz und den Wissenstransfer zu schaffen, den Sie für erfolgreichen Vertrieb benötigen. Und sie kreieren eine Plattform, auf der Sie beinahe in Echtzeit mit Ihren Mitarbeitern kommunizieren können. Zu zweit, zu dritt oder bei Bedarf mit allen gleichzeitig. Per Textnachricht, im Chat oder mittels Video. Vor allem eigene Lösungen bieten Ihnen erhebliche Vorteile: Sie können Präsentationen zeigen und diskutieren oder schnell einen Kollegen um Rat fragen. Sie können Webinare ansetzen und Projektprobleme per Videochat und Zugriff auf den Monitor des anderen direkt lösen. Das Social Intranet holt alle an einen Bildschirm, in ein virtuelles Großraumbüro zurück – ganz gleich, wo Ihre Mitarbeiter oder Sie sich gerade befinden.

## Das Web 3.0 im Führungsalltag

**Social Media im Privaten**

Viele Mitarbeiter haben die Social Media bereits für sich entdeckt – zumindest privat. Sie tauschen sich in den Social Media mit Freunden, aber auch mit Kollegen aus. Gründen ihre eigenen kleinen geschlossenen Gruppen auf Facebook oder WhatsApp, um sich untereinander auf dem Laufenden zu halten. Nutzen Tools wie beispielsweise Trello, Evernote oder Cloud-Dienste, um sich mit ihren Projekten und Fristen abzustimmen.

Jeder von uns ist in einem sozialen Netzwerk unterwegs, schreibt Mails, chattet mit Freunden, schlägt bei Wikipedia nach oder sucht in Foren nach Antworten. Wir haben unser Standardtelefon gegen Smartphones getauscht, mit denen wir ständig online sind, Informationen abrufen oder weitergeben. Aber auch beruflich ist der Klick im Netz selbstverständlich: Wir schauen bei XING (www.xing.com) und LinkedIn (www.linkedin.com) nach, welchen Werdegang der neue Kollege hat. Stöbern in Einkaufsforen nach Tipps für Anbieter aus Asien. Stellen in XING-Foren Fragen oder beantworten sie. Wir rufen den Speiseplan der Kantine im Intranet ab, statt zum Schwarzen Brett zu laufen – und genau dieses Verhalten können Sie für Ihre Kommunikation, Ihre Führung nutzen.

**www.buhr-team.com/social-media-guide**

## Intranet 3.0 – effizienter geht es kaum

**Social Intranet ...**

Das Social Intranet, das Intranet 3.0, erlaubt es, Informationen effizienter zu verteilen, die operative Arbeit zu unterstützen und das Gefühl der Zusammengehörigkeit zu stärken. Das sind große Ziele – aber sie sind erreichbar.

**... erspart das Schwarze Brett ...**

Beispiel Informationsvermittlung: Lange Zeit wurden wichtige Informationen am Schwarzen Brett ausgehängt, per Mail gestreut oder in persönlichen Gesprächen vermittelt. Das findet auch noch heute statt. Hinzugekommen ist jedoch das Intranet der Unternehmen. Hier werden Hintergrundinformationen hinterlegt. Wichtige Formulare, Arbeitsanweisungen, Organigramme, interne Telefonbücher und natürlich der Speiseplan der Kantine. Quasi als Anreiz, um ab und an auch einmal ins Intranet reinzuschauen. Häufig gibt es dafür internes Twitter oder einfache Apps.

**... und bündelt Informationen**

Das Intranet 3.0 ist mehr als ein virtueller Aktenschrank, der ab und zu entstaubt werden will. Es ist das Social Network für Ihre Mitarbeiter, in dem Informationen in einer völlig neuen Qualität verteilt werden können. Anders als bei der parallelen Verbreitung der Informationen durch E-Mails, Schwarze Bretter und persönliche Gespräche haben Sie nun einen gebündelten Kanal, um Ihre Botschaft, Ihre Fragen und Aufforderungen zu transportieren. Ob die Botschaft ankommt, hängt nicht mehr davon ab, ob Ihr Mitarbeiter auf dem Weg zur Kantine am Schwarzen Brett vorbeikommt – er hat jederzeit Zugriff auf das Intranet 3.0. Er kann sich benachrichtigen lassen, wenn neue Informationen eingestellt werden oder wenn er in Postings erwähnt wird, weil ein Kollege von ihm Informationen wünscht oder hofft, dass er eine Frage beantworten kann.

**Gezielte Ansprache ordnet Informationsflut**

Gleichzeitig droht kein Overkill durch zu viele Informationen. Denn auch im Social Intranet lassen sich gezielt einzelne Mitarbeiter, bestimmte Teams oder definierte Unternehmensbereiche ansprechen. Für diese Feinheiten stehen rollen- und interessenbasierte Filter, Such- und Benachrichtigungsmechanismen zur Verfügung. Personalisierte Startseiten mit individuellen Informationen fördern die Nutzung des Social Intranets ebenso wie die Möglichkeit, schnell und unbürokratisch Feedback zu geben, Fragen zu beantworten, Präsentationen zu kommentieren oder digitale Inhalte wie Produktvideos mit anderen Kollegen zu teilen oder sie Kunden bei Präsentationen vorzuführen. In Gruppenräumen können Teams von unterschiedlichen Standorten aus – und seien ihre Mitglieder auch über den gesamten Globus verstreut – gemeinsam an Präsentationen arbeiten, neue Produkte oder Verkaufsargumente entwickeln.

BEISPIEL

### *So messen Sie die Akzeptanz des Intranets*

Das Intranet ist kein Selbstläufer. Auch hier sind Sie als Vorbild gefragt. Nutzen Sie die Funktionen, fordern Sie Kommentare ein. Und achten Sie darauf, ob und wie Ihre Mitarbeiter das Angebot nutzen. Diese Messkriterien helfen Ihnen dabei:

- Anzahl der Zugriffe auf das Intranet
- Durchschnittliche Verweildauer auf der individuellen Startseite und auf weiteren Seiten
- Anzahl der eingestellten Beiträge und Dokumente
- Beteiligung an Diskussionen
- Zahl der im Intranet eingestellten Projekte
- Durchschnittliche Zeitspanne zwischen Fragen und Antworten sowie Beiträgen und Kommentaren
- Mitarbeiterbefragung zum Social Intranet

**Vorteile des Intranets …**

Nun ist Informationsweitergabe kein Selbstzweck. Im Gegenteil: Jede Information soll bei ihrem Empfänger etwas bezwecken, eine Handlung auslösen. Ihn in die Situation versetzen, eine Aufgabe besser oder schneller zu lösen. Genauso ist es auch beim Intranet 3.0: Neue Mitarbeiter können sich schneller einarbeiten, sich über den aktuellen Status in den Projekten informieren, schneller Ansprechpartner für bestimmte Fragen finden und sich ohne großen Aufwand intern vernetzen. Dies beschleunigt den Onboarding-Prozess enorm.

**... sind Schnelligkeit ...**

Diese Vorteile beschleunigen auch andere operative Prozesse: Informationen und Wissen werden schneller ausgetauscht, Entscheidungen damit schneller getroffen. Übergreifende Teams können schneller und unkomplizierter zusammenarbeiten, ohne dass sich einzelne Teammitglieder durch einen Wust von für sie irrelevanten Informationen kämpfen müssen. Dazu gibt es beispielsweise die personalisierten Startseiten.

**... Zusammengehörigkeitsgefühl ...**

Ein nicht zu unterschätzender Vorteil des Intranets 3.0 ist die emotionale Bindung der Mitarbeiter an das Unternehmen bzw. an ihre Abteilung. Das digitale Großraumbüro, der schnelle Kontakt zu anderen im Team respektive Unternehmen stärkt das Zusammengehörigkeitsgefühl mehr als E-Mails und Telefon. Das hat verschiedene Gründe: Projektfortschritte werden gemeinsam erlebbar. Man lernt Kollegen besser kennen – durch die Art, wann sie antworten, wie sie antworten und worauf sie antworten. Videos mit kurzen Ansprachen von Ihnen oder aber auch Interviews von zwei bis drei Minuten Dauer zu aktuellen Situationen im Unternehmen können Change-Situationen Schärfe nehmen und Hintergründe erläutern. Und das viel persönlicher und näher an den Mitarbeitern, als jedes Announcement es vermag.

**... Kennenlernen der Mitarbeiter**

Möglicherweise lernen auch Sie durch die hinterlegten Profile völlig neue Talente oder nicht abgerufenes Wissen bei Ihren Mitarbeitern kennen. Zudem bekommen Telefonstimmen ein Bild, ein Profil – aus dem sich vielleicht Anknüpfungspunkte für ein persönliches Gespräch, ein neues Projekt ergeben.

Vor allem aber: Mitarbeiter fühlen sich nicht mehr allein. Sie erfahren, dass sie auf Fragen Antworten bekommen. Dass andere für ihr aktuelles Problem bereits eine erprobte Lösung haben.

## Intranet 3.0 und Führung

So weit zu den Vorteilen für die Mitarbeiter. Doch was heißt das für Sie – als Führungskraft? Worin liegen für Sie die Vorteile des Intranets 3.0? Mit welchen Vorbehalten müssen Sie rechnen? Und wie können Sie diese entkräften?

Praktisch ist natürlich die vereinfachte Verteilung von Informationen an Ihr Team, Ihre einzelnen Mitarbeiter. Das Social Intranet darauf zu reduzieren, wäre jedoch zu eng gedacht. Denn auch für Sie als Führungskraft ist das Intranet 3.0 keine Einbahnstraße. Im Gegenteil: Sie haben schnellen und zuverlässigen Zugriff auf aktuelle Projektstatus, Protokolle und – sofern freigegeben – den Terminkalender Ihrer Mitarbeiter. Mit anderen Worten: Sie haben jederzeit Zugriff auf die für Sie relevanten Informationen, ohne sie aktiv bei den Mitarbeitern einfordern zu müssen.

**Der gläserne Mitarbeiter?**

Genau dies schreckt allerdings viele Mitarbeiter ab: Sie können nicht mehr steuern, wann ihr Chef welche Informationen erhält. Ihre Leistungen werden transparent, nachvollziehbar. Ebenso wie ihr Beitrag zu bestimmten Problemlösungen oder ihre Kreativität bei Produktentwicklungen. Hier hilft nur Vertrauen – das Vertrauen in Sie als Führungskraft, dass es Ihnen nicht um die Überwachung Ihrer Mitarbeiter geht, sondern um den gemeinsamen Erfolg.

**Anreize, ins Intranet zu gehen**

Der Blick über die Schulter kann aber auch dann unangenehm sein, wenn er vom Kollegen kommt. Vom internen Wettbewerber im Kampf um den Titel „Man of the Month“, „Umsatzkönig“ oder vielleicht auch bald „Woman of the Month“. Auch hier liegt es an Ihnen, gegenzusteuern. Den gemeinsamen Nutzen, die Vorteile zu betonen und Kollegen, die das Intranet 3.0 nutzen, Ihre Wertschätzung zu zeigen. Und beim „Man of the Month“ vielleicht eine weitere Kategorie einzuführen – den „Colleague of the Month“. Machen Sie Ihren Mitarbeitern klar, dass Sie für das nächste übergreifende Projekt das Team anhand der im Intranet 3.0 hinterlegten Profile zusammenstellen. Dass dort die Ausschreibungen hinterlegt sind, auf die sich Ihre internen Experten bewerben können. Schaffen Sie interne Anreize, regelmäßig das Firmenintranet zu nutzen – durch aktuelle Informationen, beispielsweise zur Marktentwicklung, über die größten Wettbewerber oder zu aktuellen Trends, die Ihren Mitarbeitern als Verkaufsargument dienen können.

www.buhr-team.com/whitepaper-vertrieb

BEISPIEL

### *Intranet 3.0 als Führungsinstrument*

Diese Vorteile bietet Ihnen als Führungskraft das Intranet 3.0:

- Zugriff auf relevante Informationen wie Projektstatus, Arbeitsberichte, Protokolle von Kundenbesuchen etc. (hier gibt es bewährte Tools 3.0 wie Trello, Wrike etc.)
- Zugriff auf Terminplanung der Mitarbeiter, ggf. mit der Möglichkeit, eigene Notizen und Bemerkungen hinzuzufügen
- Schneller Dialog in Fast-Echtzeit mit einzelnen Mitarbeitern oder dem Team
- Schnelleres Onboarding von Mitarbeitern
- Von Mitarbeitern gepflegte Profile als Informationsquelle über ihr Wissen, ihre Erfahrungen etc.
- Beschleunigte interne Prozesse durch bessere Vernetzung der Mitarbeiter und besseren Wissenstransfer

## Vom Können zum Machen

Werden Sie jetzt aktiv! Sie brauchen keine Krise – weder eine wirtschaftliche noch eine persönliche –, um Handlungsdruck aufzubauen.

**!**

Wer erst in einer Krise beginnt, nach Wegen und Lösungen zu suchen, kann höchstens noch Schadensbegrenzung betreiben. Als herausragende Führungskraft entwickeln Sie deshalb schon jetzt eine Vision Ihrer Zukunft sowie der Zukunft Ihres Unternehmens und stellen die Weichen.

Die nächste Krise kommt bestimmt – und sie wird Sie weniger treffen, wenn Sie und Ihr Unternehmen auf solidem Fundament stehen!

**Die Führungskraft 3.0 …**

Sie erinnern sich an die drei Säulen: Werte als Basis, Nachhaltigkeit, Gewinnorientierung. Sie als herausragende Führungskraft 3.0 ruhen in der Entschiedenheit Ihrer Handlungen auf solchen Fundamenten. Das gibt Sicherheit. Das gute Gefühl, das Richtige zu tun, um Richtiges zu erreichen. Richtiges, das sind lebenserfüllende Ziele. Meta-Aufgaben. James Bond rettet die Welt. Es geht aber auch kleiner. Und ist dennoch bedeutsam.

**… hat ihre Meta-Aufgabe gefunden**

©lean leader haben ihre Meta-Aufgabe gefunden – und diese hat immer mit Sinn zu tun. Wer etwas tut, nur um bezahlt zu werden, muss irgendwann bezahlen, um es tun zu können. Wenn Sie die beste Führungskraft werden und sein wollen, die Sie sein können, dann lesen Sie nicht nur die zehn Führungsprinzipien – sondern leben Sie sie!

**Hier noch einmal die zehn Führungsprinzipien im Überblick:**

- Das erste Führungsprinzip: Fokussiere dich auf die wesentlichen Dinge
- Das zweite Führungsprinzip: Handle zuverlässig als Vorbild
- Das dritte Führungsprinzip: Verfolge die richtigen, von Werten geprägten Ziele
- Das vierte Führungsprinzip: Trainiere dein Entscheider-Gen
- Das fünfte Führungsprinzip: Stelle den Menschen ins Zentrum deines Handelns
- Das sechste Führungsprinzip: Setze im Management das Richtige richtig um
- Das siebte Führungsprinzip: Führe mit Werten zu mehr Leistung und besseren Ergebnissen
- Das achte Führungsprinzip: Entwickle deinen Wow!-Faktor
- Das neunte Führungsprinzip: Erhöhe Umsatz und Gewinn mit Verstand und Sinn
- Das zehnte Führungsprinzip: Nutze die Weisheit der vielen

Die zehn Prinzipien sind einfach. Sie sind klar und wesentlich. Sie machen einen Unterschied. Sie sind entscheidend. Sie sind Ihr Sortiment an Werkzeugen, mit denen Sie an den wirklich wichtigen Stellschrauben der persönlichen und unternehmerischen Entwicklung drehen. Wenden Sie sie an, um einen Hebel für die Bewältigung der großen Herausforderungen zu haben. So werden Sie zum Energielieferanten für Ihr Unternehmen.

**Wertschöpfung statt Erschöpfung!**

Werden Sie als beweisendes Vorbild zum Inspirator für Ihre Mitmenschen: für Ihre Mitarbeiter, Vertriebspartner und Kollegen, für Ihre Familie und Freunde. Klarheit, Wesentlichkeit, eine sich auf Werte stützende Basis, ethische Selbst-, Mitarbeiter- und Firmenführung, Gewinnorientierung und Kraft für nachhaltigen Unternehmenserfolg – die zehn Prinzipien der ©lean leadership bringen Ihnen Gewinn mit Sinn. Wertschöpfung durch Wertschätzung. Und Wertschöpfung statt Erschöpfung! Denn wenn Sie wissen, dass das, was Sie tun und wie Sie es tun, das Richtige, Wertvolle ist, werden Sie die Kraft zur Umsetzung immer mit Leichtigkeit in sich finden. Dann beflügelt Sie der Wow!-Faktor!

## Erfolg ist, was aus Ihrem Handeln folgt

Was können Sie jetzt tun, um möglichst stark von den zehn Führungsprinzipien zu profitieren? Meine Vorschläge:

- Nehmen Sie dieses Buch immer wieder zur Hand, um die Anregungen umzusetzen. Es sind wertvolle kleine Übungen, die Ihnen in Fleisch und Blut übergehen sollten, um mentale Klarheit, Wertebewusstsein, Zielorientierung und Gewinnfokussierung mit Nachhaltigkeit zu schärfen.
- Ich will Ihnen hier nichts verkaufen, sondern ich will mein Wissen als ©lean leader mit Ihnen teilen. Dazu zwei konkrete Vorschläge:
  1. Gerne stelle ich Ihnen mein E-Book „Vertrieb geht heute anders. 5 Regeln für den Vertrieb 24/7" kostenlos zur Verfügung – senden Sie einfach eine E-Mail an a.buhr@buhr-team.com, dann senden wir es Ihnen zu.
  2. Als Leserin oder Leser von „Führungsprinzipien" können Sie das renommierte Magazin für Business & Bildung kostenfrei beziehen. Einfach hier anmelden: www.buhr-team.com/de/coachingbrief. Sie erhalten Businesswissen, Interviews mit Wirtschaftsentscheidern, Unternehmerstorys pur – keine verdeckten Lockangebote, keine Phrasendrescherei. Wirtschaft mit Unterhaltungsfaktor.

Sie erreichen mich über meine Profile auf Xing, auf LinkedIn, auf google+ und auf Facebook, oder Sie schreiben mir unter www.buhr-team.com/de/blog in meinen Blog – Sie erhalten immer und in jedem Fall eine Antwort!

Meckern gilt nicht. Machen Sie's! Starten Sie! Jetzt!!

# Literaturverzeichnis

Hier finden Sie das Verzeichnis der verwendeten Literatur, ergänzt um meine persönlichen Empfehlungen zum Thema. Alle aufgeführten Internet-Adressen und Links wurden im Januar 2016 überprüft und dokumentiert. Autor und Verlag können keine Gewährleistung oder Haftung für die Inhalte externer Websites sowie das Vorhalten der Inhalte auf diesen übernehmen.


Accenture (Hrsg.): *Zwischen Mama und Marie Curie. Frauen und Vorbilder. Eine empirische Studie unter männlichen und weiblichen Führungskräften im deutschsprachigen Raum.* 2005

Ambacher, Nicole / Jánszky, Sven Gabor / Knapp, Daniel: *Versicherungen 2020: Kunden, Makler, Changeprozesse. Trendstudie des 2b AHEAD Think!Tank,* 2014. www.2bahead.com/trendstudien/versicherungen_ 2020

Berth, Rolf: *Die Rendite der Werte.* In: Harvard Business Manager, 01/2006

BITKOM (Hrsg.): *Social Media Leitfaden.* BITKOM Bundesverband Informationswirtschaft, Telekommunikation und neue Medien e. V., 3. Aufl., 2015

Brandes, Dieter / Brandes, Nils: *Einfach machen.* In: managerSeminare, Heft 213, 12/2015, S. 34 – 37

Brandes, Dieter / Brandes, Nils: *120 mal einfach statt komplex. Wie Sie einfach besser managen.* Linde, 2015

Brandt, Markus / Ion, Frauke: *Handbuch der Persönlichkeitsanalysen. Die führenden Tools im Überblick.* GABAL, 2015

Brandt-Biesler, Franziska / Krumm, Rainer: *So wird verkauft! Werteorientiertes Verkaufen mit den 9 Levels.* GABAL, 2015

Bresch, Carsten: *Zwischenstufe Leben. Evolution ohne Ziel?* Piper, 1983

Brodmerkel, Sven: *Wann sind Manager echt?* In: managerSeminare, Heft 109, 04/2007, S. 44 – 51

Buhr, Andreas: *Der Mensch steht im Zentrum des Führungshandelns.* In: Magazin für Business & Bildung, go!Live Verlag, 42/2015, S. 5 ff., http://magazin.buhr-team.com
Buhr, Andreas: *Erfolgsfaktor hybride Beratung: Wie Sie den Kunden 3.0 nachhaltig begeistern.* Wolters Kluwer Deutschland, 2015
Buhr, Andreas: *Vertrieb geht heute anders – fünf Regeln für den Vertrieb 24/7.* go! LiveVerlag, 2015
Buhr, Andreas: *Führung im Vertrieb. 7 Schritte zur einfachen Vertriebsführung.* 2. Aufl., inside partner Verlag, 2014
Buhr, Andreas: *Neue Wege zum Mitarbeiter 3.0.* In: CASH (Cash. Finanzberater), 01/2014, S. 98 ff.
Buhr, Andreas: *Finanzvertrieb geht heute anders. Neue Wege für erfolgreiche Vermittler.* Wolters Kluwer Deutschland, 2013
Buhr, Andreas: *Vertrieb geht heute anders. Wie Sie den Kunden 3.0 begeistern.* 5. Aufl., GABAL, 2011
Buhr, Andreas: *Vermittler trifft Kunde. Strategien für ein typgerechtes Verkaufsgespräch.* 3. Aufl., LexisNexis, 2010
Buhr, Andreas: *Mit werteorientierter Führung durch die Krise.* In: finanzwelt, 02/2009
Buhr, Andreas: *Motivationsschub herbeiführen!* In: absatzwirtschaft, 02/2009
Buhr, Andreas: *Finanzkrise gleich Vertrauenskrise gleich Wertekrise.* In: wissen+karriere, 01/2009
Buhr, Andreas: *Werte führen zu Wert.* In: acquisa, 10/2008
Buhr, Andreas: *©lean leadership – Gute Führung, fokussiert auf das Wesentliche.* In: Netcoo, 04/2008
Buhr, Andreas: *Die Essenz der Führung.* In: finanzwelt, 04/2008
Buhr, Andreas: *Die Umsatz-Maschine. Wie Sie mit VertriebsIntelligenz® Umsätze steigern.* 2. Aufl., GABAL, 2006
Buhr, Andreas / Müller, Wolfgang: *go! Die Kunst das Leben zu meistern.* 3., überarb. Aufl., go! LiveVerlag, 2011
Csíkszentmihályi, Mihály: *Das flow-Erlebnis. Jenseits von Angst und Langeweile: im Tun aufgehen.* 11. Aufl., Klett-Cotta, 2010
Desvaux, Georges / Regout, Baudouin / Labaye, Eric / Lepoutre, Frédéric / Widman, Wendy / Yu, Flora: *Beating the recession: Buying into new European consumer strategies.* McKinsey Global Institute, 2009

Drucker, Peter F.: *The Effective Executive. The Definitive Guide to Getting the Right Things Done.* HarperBusiness, 2006

Drucker, Peter F.: *Was ist Management? Das Beste aus 50 Jahren.* Econ, 2002

Eckstein, Aline et al.: *Vertrauensbildende Maßnahmen im E-Commerce auf dem Prüfstand. Zur Wirkung von Gütesiegeln, Zahlungsverfahren und Kundenbewertungen im Online-Handel.* Ausgewählte Studien des ECC Handel, Band 30, 2012

Fabel, Martin / Sonnenschein, Martin: *Customer Energy: Die neue Macht der Kunden.* In: Web 2.0. Neue Perspektiven für Marketing und Medien. Walsh, Gianfranco et al. (Hrsg.), 2. Aufl., Springer, 2010, S. 191 ff.

Förster, Anja / Kreutz, Peter (Hrsg.): www.foerster-kreuz.com/newsletter, Newsletter vom 7. April 2009

Fournier, Cay von: *Erfolgreiche Unternehmer von morgen: Exzellenz ist der Weg.* In: Zukunftstrends. Sonderheft von Executive Excellence, Bildungsverlag, Waldshut-Tiengen, 2009

Fournier, Cay von: *Die 10 Gebote für ein gesundes Unternehmen. Wie Sie langfristigen Erfolg schaffen.* Campus, 2005

Frankl, Viktor E.: *Der Mensch vor der Frage nach dem Sinn.* Piper, 2005

Fuchs, Helmut / Gratzel, Dirk C.: *Launologie. Mit neuem Schwung durchs Leben. Gut gelaunt gewinnt.* Heyne, 2007

*Führen in der Krise – Führung in der Krise? Führungsalltag in deutschen Unternehmen.* Studie der Akademie für Führungskräfte der Wirtschaft GmbH, Überlingen, 2003

*Führungskultur im Wandel.* Studie der Nextpractice GmbH für die Initiative Neue Qualität der Arbeit (INQA), o. J., www.inqa.de/SharedDocs/PDFs/DE/Publikationen/fuehrungskultur-im-wandel-monitor.pdf?__blob=publicationFile

Gierke, Christiane: *Das ist ja 'ne Marke! Bekannter, beliebter und erfolgreicher mit Persönlichkeitsmarketing®.* GABAL, 2010

Gladwell, Malcolm: *Überflieger. Warum manche Menschen erfolgreich sind – und andere nicht.* Campus, 2009

Gladwell, Malcolm: Tipping Point. *Wie kleine Dinge Großes bewirken können.* 4. Aufl., Goldmann, 2002

*Global Human Capital Trends 2014 – Engaging the 21st century workforce.* Deloitte University Press, 2014

Grundl, Boris: *Steh auf! Bekenntnisse eines Optimisten.* Econ, 2008

Hüther, Gerald: *Die Macht der inneren Bilder. Wie Visionen das Gehirn, den Menschen und die Welt verändern.* 9. Aufl., Vandenhoeck & Ruprecht, 2015

Hüther, Gerald: *Bedienungsanleitung für ein menschliches Gehirn.* 11. Aufl., Vandenhoeck & Ruprecht, 2013

inu GmbH (Hrsg.): *Die Erfolgsfaktoren für den nachhaltigen Unternehmenserfolg,* 2007, www.brainguide.de/upload/publication/42/ud5u/52a5cfe0b50548c142286c20fe23435d_1311535373.pdf

Ion, Frauke: *Ich sehe was, was du nicht siehst. Durch Perspektivenwechsel zu besseren Ergebnissen.* GABAL, 2014

Johnson, Spencer: *Die Ja- oder Nein-Strategie für Manager. Entscheidungen erfolgreich treffen.* Rowohlt, 2004

Ketchum (Hrsg.): *Ketchum Leadership Communication Monitor 2014;* www.ketchum.com/leadership-communication-monitor-2014

Kim, Chan W. / Mauborgne, Renée: *Der Blaue Ozean als Strategie. Wie man neue Märkte schafft, wo es keine Konkurrenz gibt.* Hanser, 2005

Kürschner, Isabelle: *New Work. Wie wir morgen tun, was wir heute wollen.* Goldegg, 2015

Langhoff, Lutz: *Die Kunst des Feuermachens. Motiviert leben, unternehmerisch denken, tatkräftig handeln.* GABAL, 2014

Leonard, George: *Der längere Atem. Die fünf Prinzipien für langfristigen Erfolg im Leben.* Heyne, 2006

Limbeck, Martin: *Nicht gekauft hat er schon. So denken Top-Verkäufer.* 7. Aufl., Redline, 2012

Malik, Fredmund: *Führen. Leisten. Leben. Wirksames Management für eine neue Zeit.* 13. Aufl., Heyne, 2013

Malik, Fredmund: *Unternehmenspolitik und Corporate Governance. Wie Organisationen sich selbst organisieren.* 2., akt. Aufl., Campus, 2013

Martens, Andree: *Klüger spüren. Intuition im Management.* In: managerSeminare, Heft 209, 08/2015, S. 30 – 35

McKinsey & Company (Hrsg.): *Wettbewerbsfaktor Energie.* 04/2009

Mićić, Pero: *Das ZukunftsRadar. Die wichtigsten Trends, Technologien und Themen für die Zukunft.* 2. Aufl., GABAL, 2006

Nidiaye, Safi et al.: *Führung durch Intuition. Die entscheidende Wende im Management.* Ariston, 1997

Otto Group (Hrsg.): *Otto Group Trendstudie zum ethischen Konsum.* Studie I (2007), II (2009), III (2011), IV (2013). Übersicht: /www.ottogroup.com/de/newsroom/meldungen/Verbraucher-legen-grossen-Wert-auf-faire-Arbeitsbedingungen.php; Studie IV (2013): trendbuero.com/wp-content/uploads/2013/12/Trendbuero_Otto_Group_Trendstudie_2013.pdf

Peter, Laurence J. / Hull, Raymond: *Das Peter-Prinzip oder Die Hierarchie der Unfähigen.* Rowohlt, 1972

Pöppel, Ernst: *Zum Entscheiden geboren: Hirnforschung für Manager.* Hanser, 2008

*Research Online Purchase Offline. The Role of the Internet on the Path to Purchase.* Google ROPO-Metastudie, o. J., https://docs.google.com/a/hubspot.com/file/d/0B3aHCyCTg-vqMjYzYjBmNmYtZTA4NC00NmU5LWI3MWUtMDRjNmU4ZmRkMzI5/edit?hl=de&authkey=CMnvtZ4L&pref=2&pli=1

Scheel, Alexander / Steinmetz, Heike: *Erfolgreiche Personalsuche im Social Web.* Data Becker, 2012

Scheelen, Frank: *Megatrend Mensch®: Ganzheitliche Mitarbeiterentwicklung als strategische Zukunftsaufgabe.* In: Zukunftstrends. Sonderheft von Executive Exellence, Bildungsverlag, Waldshut-Tiengen, 2009

Scheelen, Frank / Tracy, Brian: *Personal Leadership.* 3., vollst. überarb. und akt. Aufl., Redline, 2005

Schleife, Katrin / Flug, Melanie: *Omni-Channel Commerce in Deutschland. Integrierte Einkaufskonzepte sind die Zukunft im Handel.* Studie. Pierre Audoin Consultants, 2014

Schmäh, Marco: *VertriebsIntelligenz® 2010 (Teil I).* Forschungsprojektbericht der ESB Business School Reutlingen University/go! Akademie für Führung und Vertrieb AG, 2010

Seiwert, Lothar (Hrsg.): *Die besten Ideen für erfolgreiche Führung.* GABAL, 2014

Seiwert, Lothar: *Das neue 1 x 1 des Zeitmanagement.* 12. Aufl., Gräfe und Unzer, 2007

Simon, Hermann: *33 Sofortmaßnahmen gegen die Krise. Wege für Ihr Unternehmen.* Campus, 2009

The Aspen Institute and Booz Allen Hamilton Inc. (Hrsg.): *Deriving Value from Corporate Values.* 2005, www.aspeninstitute.org/sites/default/files/content/docs/bsp/VALUE%2520SURVEY%2520FINAL.PDF

Walschburger, Peter, zitiert in: Oberwittler, Jörg: *Vom Vorbild beflügelt.* Frankfurter Allgemeine Zeitung vom 16.04.2009, www.faz.net/aktuell/beruf-chance/arbeitswelt/wer-uns-anspornt-vom-vorbild-befluegelt-1784714.html

Watzlawick, Paul: *Wie wirklich ist die Wirklichkeit? Wahn, Täuschung, Verstehen.* 10. Aufl., Piper, 2011

YouGovPsychonomics (Hrsg.): *Mode oder Trend? Social Media im Finanzdienstleistungsmarkt.* Köln, 2011

Zenger, Jack / Folkman, Joe / Edinger, Scott K.: *Wie außergewöhnliche Führungskräfte Gewinne verdoppeln: Der Zusammenhang zwischen Führungsqualität und Unternehmenserfolg.* Dt. Fassung des Whitepapers „Double your profit"; Scheelen AG, Bildungsverlag, Waldshut-Tiengen, 2014

Zenger, John H. / Folkman, Joseph: *The Extraordinary Leader. Turning Good Managers into Great Leaders.* 2. Aufl., McGraw-Hill Education, 2009

# Stichwortverzeichnis

# Über den Autor

Andreas Buhr (CSP) ist der Experte für Führung im Vertrieb. Der erfolgreiche Unternehmer ist Gründer und Vorstand der Buhr & Team Akademie für Führung und Vertrieb mit Stammsitz in Düsseldorf, die europaweit mittelständische und große Unternehmen sowie internationale Konzerne in Führung und

Vertrieb trainiert. Von Unternehmen wie Kongressen wird der mehrfach ausgezeichnete Speaker als Keynoter und renommierter Vortragsredner gebucht. Bekannt ist Andreas Buhr auch als Trainer, Herausgeber des „Magazins für Business & Bildung“ und als Autor einiger Bestseller in den Bereichen Führung und Vertrieb.

Die Orientierung an klassischen ethischen Werten in der Führung von Unternehmen und Vertriebsmannschaften steht im Zentrum der Arbeit und vieler Veröffentlichungen von Andreas Buhr – denn bei aller Umsatzorientierung gilt: Wertschätzung bringt Wertschöpfung. Er ist Sprecher der Wirtschafts-Weiterbildungsinitiative WIR SIND UMSATZ® powered by SalesLeaders (www.wir-sind-umsatz.de), die mit dem 24-Stunden-Charity-Bildungsmarathon seit Jahren für Furore sorgt. Ziel der ehrenamtlichen Initiative: Business-Bildung jedem ohne Hemmschwellen zugänglich machen – und gleichzeitig anderen helfen. Andreas Buhr ist außerdem Mitveranstalter und einer der SALESLEADERS® (www.salesleaders.de), die mit ihren Vertriebskongressen und Teilnehmern aus Unternehmen und Wirtschaft große Hallen füllen. 2013–2015 war er amtierender Präsident der German Speakers Association (GSA), des zweitgrößten Verbands professioneller Vortragsredner weltweit. Darüber hinaus ist Andreas Buhr Mitglied im Club 55 und im Q-Pool 100, ist einer der wenigen Certified Speaking Professionals, Chair des internationalen One Million Dollar Table seit 2012 sowie Lehrbeauftragter an mehreren Hochschulen in Deutschland und der Schweiz.

Der begeisterte Sportler ist mehrfacher Finisher des NYC Marathons, Expeditionsteilnehmer zum Everest-Basecamp, Skilehrer und Golfer. Andreas Buhr lebt mit seiner Familie in Düsseldorf, ist verheiratet und hat zwei Söhne.

Transparente Führung 3.0 ist ihm wichtig – und so erreichen Sie als Leserin oder Leser dieses Buches Andreas Buhr persönlich: a.buhr@buhr-team.com, www.buhr-team.com.